城市轨道交通高技能人才培训系列教材——维修类

火灾报警系统（FAS）与环境监控系统（BAS）维护员

HUOZAIBAOJINGXITONG(FAS)YU
HUANJINGJIANKONGXITONG(BAS)WEIHUYUAN

宁波市轨道交通集团有限公司运营分公司 ◎ 编

西南交通大学出版社
·成　都·

图书在版编目（ＣＩＰ）数据

火灾报警系统（FAS）与环境监控系统（BAS）维护员 /
宁波市轨道交通集团有限公司运营分公司编 . —成都：
西南交通大学出版社，2017.9（2019.1 重印）
　城市轨道交通高技能人才培训系列教材 . 维修类
　ISBN 978-7-5643-5540-1

　Ⅰ . ①火… 　Ⅱ . ①宁… 　Ⅲ . ①火灾监测 – 自动报警系
统 – 技术培训 – 教材②环境监测 – 自动报警系统 – 技术培
训 – 教材　Ⅳ . ①TU998.13②X83
　　中国版本图书馆 CIP 数据核字（2017）第 151945 号

城市轨道交通高技能人才培训系列教材——维修类

火灾报警系统（FAS）与环境监控系统（BAS）维护员

宁波市轨道交通集团有限公司运营分公司　编

责 任 编 辑	王　旻
助 理 编 辑	宋浩田
封 面 设 计	何东琳设计工作室
出 版 发 行	西南交通大学出版社 （四川省成都市二环路北一段 111 号 西南交通大学创新大厦 21 楼）
发行部电话	028-87600564　028-87600533
邮 政 编 码	610031
网　　　址	http://www.xnjdcbs.com
印　　　刷	四川煤田地质制图印刷厂
成 品 尺 寸	210 mm × 285 mm
印　　　张	10.5
字　　　数	316 千
版　　　次	2017 年 9 月第 1 版
印　　　次	2019 年 1 月第 2 次
书　　　号	ISBN 978-7-5643-5540-1
定　　　价	29.80 元

课件咨询电话：028-87600533

编审委员会

· 本书编写人员 ·

主　　编　　王　开　　占春英

副　主　编　　崔耀力　　邱城峰

参　　编　　徐建鹏　　陈文龙　　王丁洁　　诸军君

　　　　　　　王忠枭　　周敏琪　　麻永三　　汪文姣

序

宁波市轨道交通集团有限公司运营分公司成立于 2012 年 7 月 30 日，主要负责宁波轨道交通运营管理、列车运行、控制监督、员工培训及对土建设施、车辆和运营设备的保养、维修等工作。截至目前，宁波轨道交通 1 号线、2 号线一期运营已成"十"字骨架型结构，运营里程 74.5 千米。根据宁波市人民政府《转发国家发展改革委<印发国家发展改革委关于宁波市轨道交通近期建设规划（2013—2020 年）的通知>的通知》（甬发改交通〔2013〕538 号），2020 年宁波轨道交通线网将建成 5 条线，线网规模达 171.6 千米；远景线网在 2020 年网络的基础上进一步形成环线，增加射线和快线，呈"一环两快七射"的布局结构，线网规模达 409 千米。

运营人才是宁波轨道交通安全运营和可持续发展的第一要素。随着宁波轨道交通运营里程的快速增长，至 2020 年运营员工人数将从现在的 3 000 多人增加到万人以上。运营人才的数量和质量问题日渐突出，亟待解决。国家发展和改革委员会、教育部、人力资源和社会保障部在《关于加强城市轨道交通人才建设的指导意见》（发改基础〔2017〕74 号）中指出，企业在人才培养工作中负有主体责任，要强化人才建设规划引领、健全人才培养标准体系。宁波轨道交通作为行业"新兵"，近年来在运营技能人才培养工作中进行了大胆实践和创新。2014 年宁波市轨道交通集团有限公司运营分公司以电客车司机岗位为试点开发了包含素质模型、胜任力建设、岗位标准、培训标准、技能评价方案的人力资源管理体系，并配套编制了培训教材和技能培训视频。2015 年开发工作以点带面覆盖到全部一线技能岗位。开发成果经专家评审，被宁波市科学技术局登记为宁波市科学技术成果。2016 年，在前期开发成果的应用实践和效果评价基础上，按照"系统化分析、颗粒化分解、结构化重构"的指导思想，宁波市轨道交通集团有限公司运营分公司完善和优化了岗位业务模型、形成了基于业务模型的育人标准，以及"模块化、任务型"工作体系的培训教材、试题库和微课等。

城市轨道交通运营人才培养是一项系统工程，不仅需要科学规划、统一标准、完善体系，更需要考虑当前员工年轻化的特点，利用互联网在线学习、手机端移动学习技术，构建覆盖宁波轨道交通运营主要技能岗位的线上、线下相结合的立体化培训课程资源体系。依托工作岗位、实训基地，通过在实践中学习、在学习中实践的螺旋发展，不断提升培训的有效性。上述课程已在宁波轨道交通运营分公司技能员工的岗前培训、"订单班"学员实习以及承接国内其他轨道交通员工技能培训工作中得到应用并取得了良好的成效。本套"城市轨道交通高技能人才培训系列教材"的编写得到了浙江省轨道交通建设与管理协会赵彦年会长以及天津、杭州、青岛、无锡等国内轨道交通同行专家的指导和帮助，北京华鑫智业管理咨询有限公司为教材出版提供了技术支持。

宁波轨道交通开通试运营时间不长，在教材编写中难免会存在不足。同时，本套教材是基于宁波轨道交通运营设施设备和运营管理流程编写的，由于不同城市轨道交通所用的车辆、信号系统等不同，运营管理模式、一线员工岗位职责也有所差异，本套教材仅供国内同行参考，请同行专家提出宝贵意见。希望本套教材的出版不仅能够加快推进宁波轨道交通"选、育、用、留"一体化人力资源管理体系的建设，也能为中国城市轨道交通发展和运营人才培养工作尽一份绵薄之力。

宁波市轨道交通集团有限公司

党委副书记 副董事长 总经理

2017 年 7 月

本书是宁波市轨道交通集团有限公司运营分公司组织编写的"城市轨道交通高技能人才培训系列教材——维修类"中的一本,全书由3部分组成:业务模型、培训教材、育人标准。

业务模型包括业务模块、工作事项、业务活动3个层级,广泛应用于宁波轨道交通一线员工的工作分析,是理解和分析岗位工作流程的重要方法和工具。

本书基于FAS&BAS维护员 业务模型,通过对其技能要求、知识和规章要求、培训方法及课时、经验要求的定性和定量描述,建立了FAS&BAS维护员 育人标准。同时,根据项目教学法,按照"模块"、"任务"结构编写了相应的培训教材。

本书用于宁波轨道交通 FAS&BAS维护员岗位岗前培训及在岗培训,也可作为其他城市轨道交通企业员工、大中专院校学生的培训和学习教材,或供其他相关人员学习参考。

书中还有一些与教材配套的数字化资源,通过扫描封面二维码,可以获得更丰富的内容。

编 者

2017 年 6 月

目录 CONTENTS

火灾报警系统（FAS）与环境监控系统（BAS）维护员初级业务模型 …………… 001

火灾报警系统（FAS）与环境监控系统（BAS）维护员中级业务模型 …………… 002

模块一　工作交接 ……………………………………………………………… 003

任务一　出/退勤 …………………………………………………………………… 003

任务二　交接班作业 ……………………………………………………………… 005

模块训练 …………………………………………………………………………… 007

模块小结 …………………………………………………………………………… 008

模块自测 …………………………………………………………………………… 008

模块二　BAS 系统操作、维护与故障案例 …………………………………… 009

任务一　BAS 设备操作与维护 …………………………………………………… 009

任务二　BAS 系统故障案例 ……………………………………………………… 044

模块训练 …………………………………………………………………………… 051

模块小结 …………………………………………………………………………… 052

模块自测 …………………………………………………………………………… 052

模块三　FAS 系统操作、维护与故障案例 …………………………………… 053

任务一　FAS 设备操作及维护 …………………………………………………… 053

任务二　FAS 系统故障案例 ……………………………………………………… 068

模块训练 …………………………………………………………………………… 071

模块小结 …………………………………………………………………………… 072

模块自测 …………………………………………………………………………… 072

模块四　气灭系统操作、维护与故障案例 …………………………………… 073

任务一　气灭设备操作及维护 …………………………………………………… 073

任务二　气灭系统故障案例 ……………………………………………………… 086

模块训练 …………………………………………………………………………… 090

模块小结 …………………………………………………………………………… 091

模块自测 …………………………………………………………………………… 091

模块五　DTS 系统操作、维护与故障案例 ························· 092

　　任务一　DTS 设备操作和维护 ································· 092

　　任务二　DTS 系统故障案例 ································· 098

　　模块训练 ························· 101

　　模块小结 ························· 102

　　模块自测 ························· 102

模块六　门禁系统操作、维护与故障案例 ························· 103

　　任务一　门禁设备操作与维护 ························· 103

　　任务二　门禁系统故障案例 ························· 117

　　模块训练 ························· 120

　　模块小结 ························· 121

　　模块自测 ························· 121

模块七　突发事件处理 ························· 122

　　任务一　自然原因突发事件 ························· 122

　　任务二　设备类突发事件 ························· 124

　　任务三　人为原因突发事件 ························· 127

　　模块训练 ························· 129

　　模块小结 ························· 130

　　模块自测 ························· 130

火灾报警系统（FAS）与环境监控系统（BAS）维护员初级育人标准 ·········· 131

火灾报警系统（FAS）与环境监控系统（BAS）维护员中级育人标准 ·········· 146

火灾报警系统（FAS）与环境监控系统（BAS）维护员初级业务模型

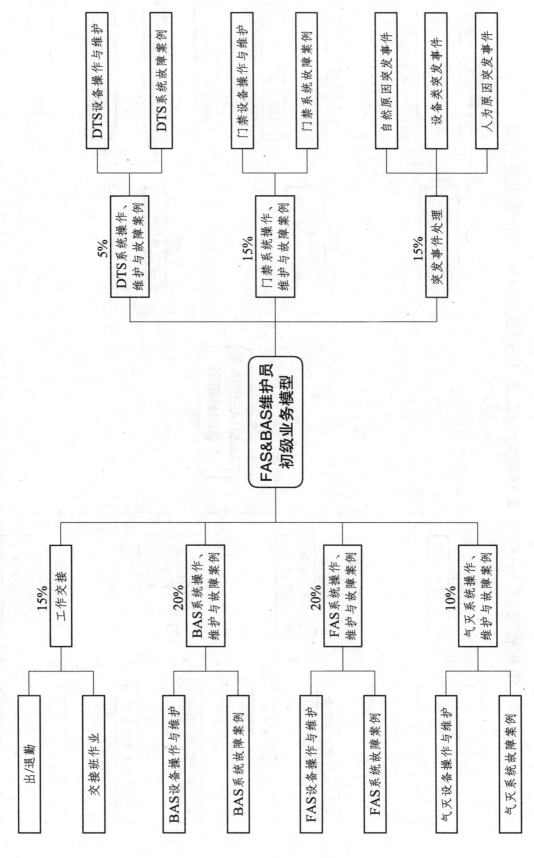

火灾报警系统（FAS）与环境监控系统（BAS）维护员中级业务模型

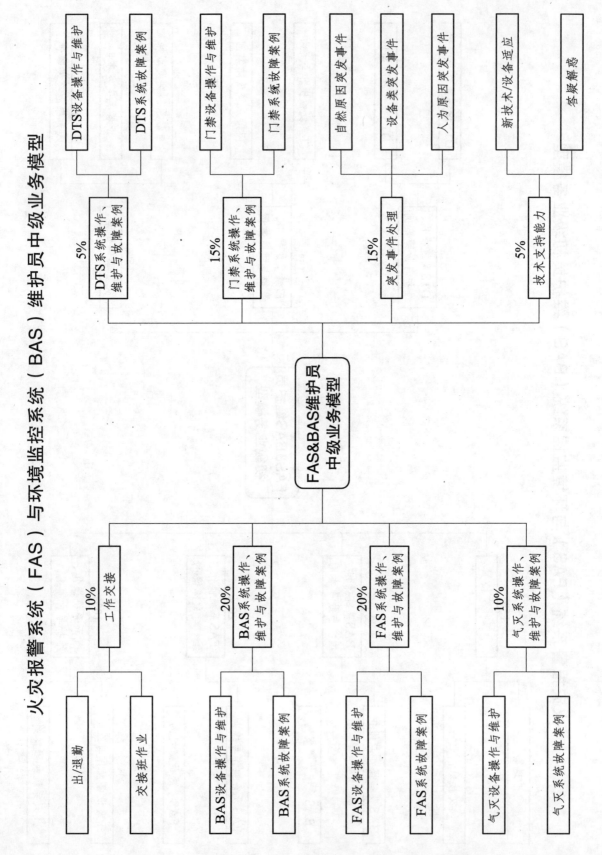

模块一　工作交接

案例导学

假如你刚参加工作，是一名火灾报警系统（FAS）与环境监控系统（BAS）维护员。通过一段时间的学习，初步掌握了自己的工作内容和班组运作的模式：分白班、夜班等不同的排班方式。但是在白班、夜班交替，人员交接班的时候，如何办理出/退勤手续？有什么内容需要交代给接班的人员？具体需要怎么交接？通过本模块的学习，与交接班相关的问题可以得到解决。

学习目标

（1）掌握办理出/退勤手续的流程。
（2）掌握对当班工作完成情况的检查方法。
（3）掌握前期故障闭环情况的核实方法。
（4）掌握遗留问题的情况跟踪方法。
（5）掌握对故障进行跟踪记录、填写故障跟踪表的技能。
（6）掌握填写交接班工作记录本的方法。

技能目标

（1）按规定办理出/退勤手续。
（2）检查并核实当班工作完成情况、遗留故障和问题闭环情况。
（3）会正确填写故障跟踪记录和交接班工作记录本。

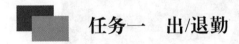

任务一　出/退勤

 相关知识

出/退勤是 FAS&BAS 维护员最基本的一项日常工作，要求员工能按规定办理出/退勤手续；着装规范，备品齐全，确认命令；通知及作业注意事项；领、还工器具备品；填写工作日志；汇报当班的故障闭环情况。

 任务实施

（1）能按规定办理出勤手续，做好班前预想。
① 班前预想的内容包括安全注意事项、当天工作安排。

② 安全预想要与当天工作相对应，杜绝形式化。

③ 班前预想应按照工作内容、安排人员、该项工作所注意的安全注意事项的形式填写。

（2）能按规定办理退勤手续，做好班后总结。

① 班后总结包括当日安全状况和当日工作情况。

② 安全状况主要指当天工作中的各环节是否按照安全要求执行，包括劳保用品的使用是否到位。

③ 当日工作情况包括当天人员安排的总结和当日工作情况的总结。

④ 总结是根据工班长以及其他人员复查后的实际情况来写。

（3）着装规范，按规定穿着维修服。

（4）根据当班工作内容准备工器具和备品备件。

（5）能确认当班工作任务及内容。

① 工作内容包括当天的检修工作、培训、会议等，要详细记录当天的工作。

② 工作内容要与相关的检修台账、会议台账、检查台账等相对应，要有相应的体现。

③ 工作内容应说明作业的具体内容，如作业人员、时间（包括开始时间和结束时间）、作业完成情况、作业中出现的问题。

（6）能根据作业内容熟练掌握请、销点流程。

（7）作业前能进行安全预想和执行应急措施，不能违章作业。

（8）能按规定领用工器具和备品备件。

（9）能按规定对更换的故障品进行登记。

（10）能按规定填写工作日志。

（11）能按规定汇报当班的故障闭环情况。

（12）注意事项。

① 工作前预想联系、登记、检修准备、防护措施是否妥当；工作中预想有无漏检、漏修和只检不修造成妨害的可能；工作后预想是否检和修都彻底，复查试验，加封加锁，确认消记手续是否完备。

② 事故原因分析不清不放过；没有防范措施不放过；事故责任者没有受到严肃处理不放过；广大员工没有受到教育不放过。

③ 工作示意图见图 1.1。

图 1.1　工作示意图

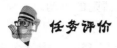 **任务评价**

根据以上学习内容，评价自己对本任务内容的掌握程度，在下表相应空格里打"√"。

评价内容	差	合格	良好	优秀
对班前预想、班后总结的掌握程度				
对着装、工器具准备的掌握程度				
对请、销点流程的掌握程度				
对工作日志填写的掌握程度				
学习中存在的问题或感悟				

 任务二　交接班作业

 相关知识

工作交接是 FAS&BAS 维护员日常工作的一项重要组成部分，要求交接班人员明确当班工作的完成情况、遗留故障和问题的闭环情况，并正确填写故障跟踪记录和交接班工作记录本。交办人员要认真把每项工作都交代清楚，接班人员要认真核实交班人员交代的各项工作，做好跟踪，并安排好自己当班的工作。

 任务实施

（1）当班人员提前 15 min 准备交接工作。

（2）接班人员能对当班工作完成情况进行检查。

（3）接班人员向当班人员核实前期故障闭环情况。

（4）当班人员对遗留问题情况进行交接。

（5）接班人员对遗留问题继续跟踪处理、闭环。

（6）当班人员按规定填写故障跟踪记录。

（7）能按规定填写故障跟踪表，包括作业安全预想和应急处理措施。

（8）当班人员发现带故障号的故障后通知专业组组长，及时联系专业人员前去处理。

（9）能按规定填写交接班记录本。

① 及时传达上级指示。

② 贯彻有关的作业规程或安全技术措施。

③ 交接相关故障处理问题。

④ 安排下一班次的工作内容及注意事项。

（10）将交接班记录本交接给接班人员，交接时向接班人员强调安全作业意识和规范。

（11）注意事项。

① 对正在使用中的设施设备，未经授权的不动；对设施设备性能、状态不清楚的不动。

② 工作完了，不彻底试验好不离；影响正常使用的设施设备缺点未修好前不离（一时克服不了的缺点，应先停用后修复）；发现设施设备有异状，未查清原因不离（当班人员提前 15 min 准备交接工作）。

图 1.2 是交接班示意图。

图 1.2　交接班示意图

 任务评价

根据以上学习内容，评价自己对本任务内容的掌握程度，在下表相应空格里打"√"。

评价内容	差	合格	良好	优秀
对交接班流程的掌握程度				
对故障填写的熟练程度				
对交接班记录本的熟练填写				
学习中存在的问题或感悟				

模块训练

 **任务训练单**

班级：　　　　　　　　　　姓名：　　　　　　　　　训练时间：

任务训练单	交接班相关内容
任务目标	熟悉出/退勤、交接班内容，掌握所需的技能要求
任务训练	对出/退勤、交接班作业进行训练

任务训练一 （说明：总结作业流程，并在实训室进行实操训练完成实操训练）

任务训练二 （说明：总结作业流程，并在实训室进行实操训练完成实操训练）

任务训练的其他说明或建议：

指导老师评语：

任务完成人签字：　　　　　　　　　日期：　　年　　月　　日
指导老师签字：　　　　　　　　　　日期：　　年　　月　　日

模块小结

本模块讲述了 FAS&BAS 出/退勤和交接班作业的主要内容及相关台账的填写。

通过本模块的训练，使 FAS&BAS 维护员掌握出/退勤手续、交接班时检查并核实当班工作的完成情况、遗留故障和问题闭环情况，并会正确填写故障跟踪记录和交接班工作记录本。

模块自测

简答题

1. 在进行生产交接班时，交班人员应向接班人员交清哪些项目？

2. 如何填写故障跟踪记录？

3. 当班人员发现带故障号故障时该如何处理？

模块二 BAS 系统操作、维护与故障案例

案例导学

假如你刚从学校毕业来宁波地铁上班，分配到的岗位是担任 FAS&BAS 维护员。你会有很多问题需要解决：BAS 系统的设备包含了哪些？其系统构成、网络构成是怎样？BAS 系统的工作原理如何？BAS 设备操作需要完成哪些工作？遇到 BAS 专业相关的突发故障，如何进行应急处理？通过学习本模块的内容，这些问题可以得到解决。

学习目标

（1）掌握 BAS 系统的设备构成。

（2）了解 BAS 系统设备的工作原理。

（3）了解 BAS 设备的操作内容。

（4）掌握 BAS 系统的网络构成。

（5）掌握 BAS 专业的重点维护作业内容与标准。

技能目标

（1）能掌握 BAS 系统的设备构成，了解 BAS 系统的功能。

（2）能掌握 BAS 系统设备的工作原理，了解 BAS 的控制权限如何在程序中实现。

（3）能了解 BAS 系统的监控对象，BAS 与子系统的接口方式，BAS 数据的下发流程。

（4）能掌握 BAS 系统的网络构成，包括地下站、高架站、天童庄基地、停车场的 BAS 网络状态。

（5）掌握 BAS 专业的维护作业内容与标准。

任务一 BAS 设备操作与维护

 相关知识

BAS（Building Automation system）系统是位于应用层和设备层之间的一个层面。主要任务是：采集车站、隧道内和车辆段的设备信息并上传至车站或 OCC 的工作站、执行车站工作站或 OCC 工作站发出的动作指令或指令序列、实现车站环控设备的自动控制，起到温度控制和节能的作用、实现对风路/水路上的关联设备的联锁保护、为重要设备实现运行计时保护、实现在灾害模式下自动联动、报警处理等功能。

一、1 号线 BAS 系统网络构成

宁波市轨道交通 1 号线 BAS 包括 16 座地下车站、13 座高架车站、1 座车辆段、2 座停车场，共

32个站点（其中，鼓楼站与天一广场站采用集中供冷，集中冷源设在鼓楼站）。2号线一期BAS包括18座地下车站、4座高架车站、1座车辆段、1座停车场，共24个站点。

BAS系统需监控的设备有：通风空调系统设备、冷水机组系统设备、给排水系统、电梯/自动扶梯、照明系统、EPS、电动二通阀、电保温、电子净化装置、温湿度传感器、CO_2浓度传感器等，车站BAS系统对其进行全面、有效的自动化监控及管理，并与火灾报警系统（FAS）和ISCS系统联接，确保设备处于安全、可靠、高效、节能的最佳运行状态，从而提供一个舒适的乘车环境，并能在火灾或阻塞等灾害事故发生的状态下，更好地协调车站设备的运行，充分发挥各种设备应有的作用，保证乘客的安全和设备的正常运行。

（一）地下车站BAS系统设备组成

地下车站BAS系统采用分层分布式结构，设备主要包括车站主、从两端的PLC机柜及机柜内安装的模块，还有安装在车站不同设备层的远程I/O站。冗余PLC选用Rockwell自动化公司的ControlLogix系列，在车站两端环控电控室内各设一套冗余的Rockwell的1756-L61控制器，以靠近车站控制室端的冗余PLC为主控制器（主端），另外一端的PLC为从控制器（从端）。远程I/O站采用FLEX I/O系列，远程站I/O模块装在RIO控制柜和RIO模块箱内，RIO控制柜和RIO模块箱安装在车站不同的设备层的通风空调电控室、环控机房、照明配电室中，通过冗余ControlNet总线和ControlNet冗余通信模块1756-CNBR接入通风空调电控室1756-L61冗余控制器。主PLC模件安装在两端通风空调电控室的PLC大机柜中；I/O模块采用Rockwell自动化公司的FLEX I/O系列模件；串口通信模块采用HMS的AB7006，安装在RIO控制柜和模块箱内的FLEX I/O远程站上。

主端通风空调电控室设置PLC机柜，机柜中配置两个7槽PLC机架1756-A7，在每个机架上分别配置了一块85-265VAC机架电源1756-PA72、一块冗余型控制器模块1756-L61、一块冗余同步接口模块1756-RM、一块以太网通信模块1756-ENBT、两块ControlNet冗余通信模块1756-CNBR。每个机架上的一块1756-ENBT以太网接口模块接入属于冗余的车站级综合监控系统交换机，用于向上和ISCS系统进行通信，将BAS系统所有信息上传给ISCS，同时接收ISCS下达的控制指令，如设备命令、模式动作、时间表下发等，从而实现不同工况下的设备控制；每个机架上的ControlNet冗余通信模块1756-CNBR，一块用于向下接现场级ControlNet双总线，另一块用于同从端和IBP PLC连接起来单独组成一组ControlNet双总线。智能低压接在现场级ControlNet双总线上，智能低压将现场风机等设备的信息上传给BAS系统，同时接收BAS下传的设备控制命令。

从端通风空调电控室同样配置了PLC机柜，模件配置和A端的PLC机柜类似，没有和ISCS接口的1756-ENBT以太网通信模块。机柜中的配置为：两个7槽PLC机架1756-A7，在每个机架上分别配置了一块85-265VAC机架电源1756-PA72、一块冗余型控制器模块1756-L61、一块冗余同步接口模块1756-RM、两块ControlNet冗余通信模块1756-CNBR。

从端冗余PLC控制器通过ControlNet双总线和主端冗余PLC控制器以及IBP PLC相连，IBP PLC的配置类似于现场远程I/O站，只是和现场RI/O站不在同一个总线上。主、从端的PLC机架上ControlNet冗余通信模块1756-CNBR和IBP处的控制网冗余控制模块1794-ACNR15依次串联起来，形成双ControlNet总线。当其中一条总线中的某处断开时，另一条总线保持正常，通信依然正常，不会因为单点故障而中断主、从端PLC控制器以及IBP之间的通信，这样也保证了从端PLC控制器的所有信息能可靠地传送给主端PLC控制器，所有的权限解析、模式指令均由主端PLC控制器发出，从端PLC控制器只对从端的现场设备进行监视和设备级驱动控制。当网络中任意一条总线断开或故障时，故障信息通过主端PLC控制器上传给ISCS，引起运行人员的注意，以备及时检修、排除故障，充分保证可靠性。

在车站控制室IBP盘设置一套远程FLEX I/O站，配置了一块ControlNet冗余控制模块1794-ACNR15、I/O模块（两块32点开关量输入模块1794-IB32、两块32点开关量输出模块

1794-OB32P)。IBP PLC 通过冗余 ControlNet 总线接入主控制器，同时与从端从 PLC 控制器相连，构成车站级 BAS 系统。IBP 盘上设置一钥匙使能开关和若干灾害模式按钮及指示灯，指示灯显示相应灾害模式的执行结果，如快速红闪表示灾害模式正在执行、慢速红闪表示灾害模式执行失败、常红表示灾害模式执行成功、灯灭表示灾害模式停止。IBP 盘上按钮受钥匙使能开关限制，当钥匙在"手动"位置时，按下按钮便可触发相应灾害模式的执行，当钥匙在"自动"位置时，按钮失效。

在 IBP 盘中配置一块通信协议网关 HMS AB7006，AB7006 一端的 ControlNet 通信口连接在车站级 ControlNet 总线上，另一端的 RS485 串口同 FAS 主机相连，将 FAS 主机发出的相应火灾报警信号通过冗余现场 ControlNet 总线接入主端主控制器，实现 FAS 与 BAS 的实时通信。火灾模式下，FAS 向 BAS 下发火灾模式指令，BAS 控制器将按预定工况转入灾害模式下启动相关设备进行救灾。

两端 PLC 下设置 ControlNet 双总线将各类 RI/O、具有智能通信口的现场设备和就地现场小型控制器等设备统一接入，分别对车站两端的机电设备（暖通空调、电扶梯、低压照明、给排水等正常和火灾情况下共用设备）进行监控管理。同 BAS 系统接口的监控设备部分采用硬接线方式，部分采用通信方式。采用硬接线接口的监控设备接至 FLEX I/O 系列远程 I/O 模块的接线端子外侧上，采用通信方式接口的设备接至 ControlNet 双总线上的串口通信模块 AB7006 的通信接线端子，且采用了 MODBUS RS485 通信方式。

典型地下车站的 BAS 系统结构图，如图 2.1 所示。

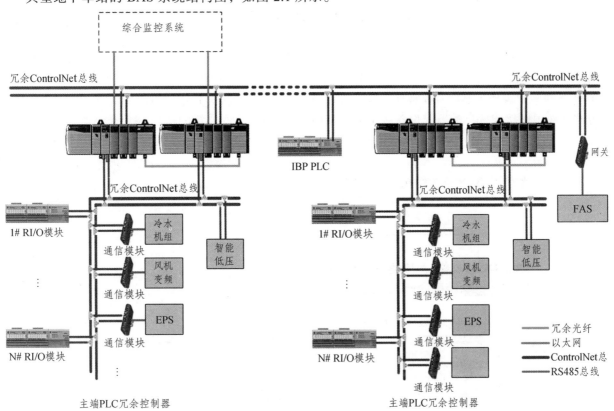

图 2.1　典型地下车站的 BAS 系统结构图

（二）高架车站 BAS 系统设备组成

高架车站 BAS 系统采用分层分布式结构，设备主要包括车站主端的 PLC 机柜及机柜内安装的模块，还有安装在车站不同设备层的远程 I/O 站。冗余 PLC 选用 Rockwell 自动化公司的 ControlLogix 系列，在车站环控电控室内设置一套冗余的 Rockwell 的 1756-L61 控制器。远程 I/O 站采用 FLEX I/O 系列，远程站 I/O 模块装在 RIO 控制柜和 RIO 模块箱内，RIO 控制柜和 RIO 模块箱安装在车站不同的设备层的综合监控设备房、通风机房、照明配电室中，通过冗余 ControlNet 总线和 ControlNet 冗余通信模块 1756-CNBR 接入环控电控室 1756-L61 冗余控制器。主 PLC 模件安装在综合监控设备房的 PLC 大机柜中；I/O 模块采用 Rockwell 自动化公司的 FLEX I/O 系列模件，串口通信模块采用 HMS 的 AB7006，安装在 RIO 控制柜和模块箱内的 FLEX I/O 远程站上。

综合监控设备房设置 PLC 机柜，机柜中配置两个 7 槽 PLC 机架 1756-A7，在每个机架上分别配置了一块 85-265VAC 机架电源 1756-PA72、一块冗余型控制器模块 1756-L61、一块冗余同步接口模块 1756-RM、一块以太网通信模块 1756-ENBT、一块 ControlNet 冗余通信模块 1756-CNBR。每个机架上的一块 1756-ENBT 以太网接口模块接入属于冗余的车站级综合监控系统交换机，用于向上和 ISCS 系统进行通信，将 BAS 系统所有信息上传给 ISCS，同时接收 ISCS 下达的控制指令，如设备命令、模式动作、时间表下发等，从而实现不同工况下的设备控制；每个机架上的 ControlNet 冗余通信模块 1756-CNBR 用于连接现场级 FLEX I/O 远程站和 IBP PLC，从而形成 ControlNet 双总线。

在车站控制室 IBP 盘设置一套远程 FLEX I/O 站，配置了一块 ControlNet 冗余控制模块 1794-ACNR15、I/O（两块 32 点开关量输入模块 1794-IB32、两块 32 点开关量输出模块 1794-OB32P）。IBP PLC 通过冗余 ControlNet 总线接入主控制器。IBP 盘功能同地下车站。

同时 BAS 在 IBP 盘中配置一块通信协议网关 HMS AB7006，AB7006 一端的 ControlNet 通信口连接在车站级 ControlNet 总线上，另一端的 RS485 串口同 FAS 主机相连，将 FAS 主机发出的相应火灾报警信号通过冗余现场 ControlNet 总线接入主 PLC 控制器，实现 FAS 与 BAS 的实时通信。火灾模式下，FAS 向 BAS 下发火灾模式指令，BAS 控制器将按预定工况转入灾害模式并启动相关设备进行救灾。

主 PLC 下设置 ControlNet 双总线将各类 RI/O、具有智能通信口的现场设备和就地现场小型控制器等设备统一接入，分别对车站两端的机电设备（暖通空调、电扶梯、低压照明、给排水等正常和火灾情况下的共用设备）进行监控管理。同 BAS 系统接口的监控设备部分采用硬接线方式，部分采用通信方式。采用硬接线接口的监控设备接至 FLEX I/O 系列远程 I/O 模块的接线端子外侧上；采用通信方式接口的设备接至 ControlNet 双总线上的串口通信模块 AB7006 的通信接线端子，且采用了 MODBUS RS485 通信方式。

典型高架车站的 BAS 系统结构图，如图 2.2 所示。

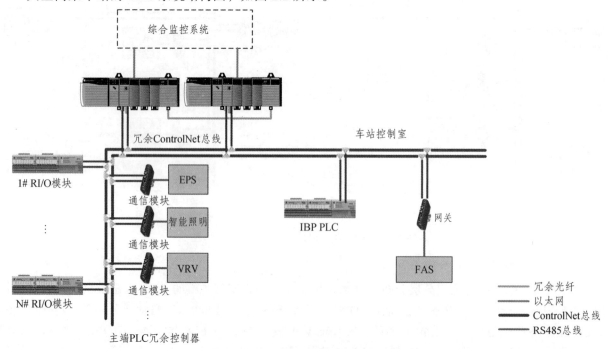

图 2.2　典型高架车站的 BAS 系统结构图

（三）停车场 BAS 系统设备组成

江南停车场无综合监控系统，其 BAS 系统通过冗余光缆接入相邻车站（高桥西站）的综合监控系统中，朱塘村停车场有综合监控系统，其 BAS 系统直接接入综合监控系统。停车场 BAS 系统设备组成中，除了没有 IBP PLC 设备外，其余配置及网络构成同高架站 BAS 系统设备。

停车场的 BAS 系统结构图，如图 2.3 所示。

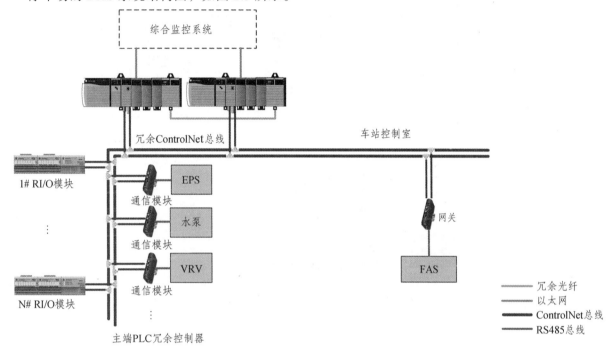

图 2.3 停车场的 BAS 系统结构图

（四）车辆段 BAS 系统设备组成

1. 盖上 BAS 系统设备组成

在天童庄车辆段盖上部分的综合办公室楼一层综合监控设备室中设置一套冗余 ControlLogix 系列 PLC，两块冗余 PLC 机架分柜布置。此处的 PLC 作为整个车辆段的主 PLC，每个机架上分别设置 1 块 1756-EN2T 以太网卡，用于同综合监控进行通信；同时在每个 PLC 机架上分别布置 2 块 1756-EN2TR 双口以太网模块，1 块用于向上连接夹层 PLC 和盖下 PLC 组成控制级网络，另 1 块用于向下连接现场级网络。每个 PLC 机柜中还设置了 1 台 Rockwell 品牌 1 光 2 电交换机，光口用于同 RIO 控制箱连接，1 个电口用于同 1756-EN2TR 以太网模块相连，另 1 个电口用于连接其他设备，如串口通信管理器、柜内 RI/O 站模块。

在培训中心、文体中心、锅炉房等处分别设置有 RIO 控制箱，监控现场的设备。在 RIO 控制箱中设置 Point I/O 系列 PLC，实现对现场设备信号的采集和传输功能，并配置有各种类型的 DI/DO/AI/AO 模块，可接入各种硬线信号，同时设置 1 台 Rockwell 品牌 2 光 1 电交换机，电口同 1734-AENT 连接，光口同其他 RI/O 控制箱和 PLC 控制柜连接。PLC 控制柜和 RIO 控制箱之间的现场网络采用光纤以太环网，介质采用光缆连接，当网络上任意一处发生故障（如断开）时，光纤环网切换成单以太网线，不影响整个网络的正常工作，整个分布式 RI/O 站的信息依然可以全部上传至 PLC 控制器。

在 PLC 控制柜集中设置 1 台 1783-MS10T 管理型交换机，自带 10 个以太网口，与 EPS、FAS、VRV、水位传感器等的连接采用 AB7007 模块进行通信。1783-MS10T 管理型交换机与 PLC 柜内的 2 电 1 光交换机 1783-ETAP1F 连接。

车辆段盖上的 BAS 系统结构图，如图 2.4 所示。

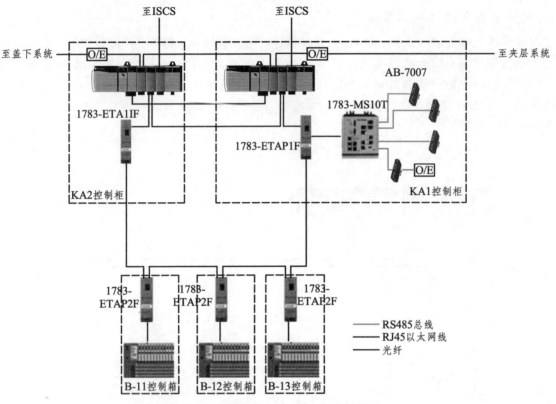

图 2.4　车辆段盖上的 BAS 系统结构图

2. 夹层 BAS 系统设备组成

夹层 PLC 的结构类似于盖上 PLC 部分，有区别的地方在于冗余 PLC 机架上没有与 ISCS 通信的以太网模块 1756-EN2T，其他相同。

车辆段夹层的 BAS 系统结构图，如图 2.5 所示。

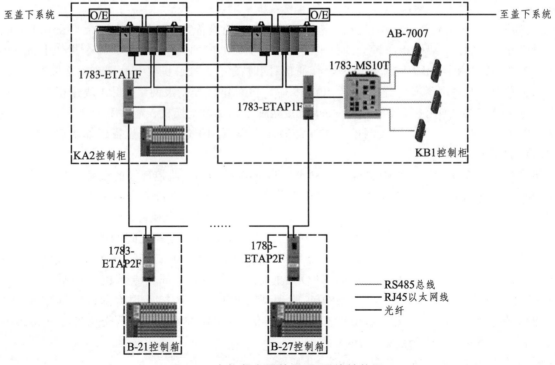

图 2.5　车辆段夹层的 BAS 系统结构图

3. 盖下 BAS 系统设备组成

盖下 PLC 的结构类似于夹层 PLC 部分。

车辆段盖下的 BAS 系统结构图，如图 2.6 所示。

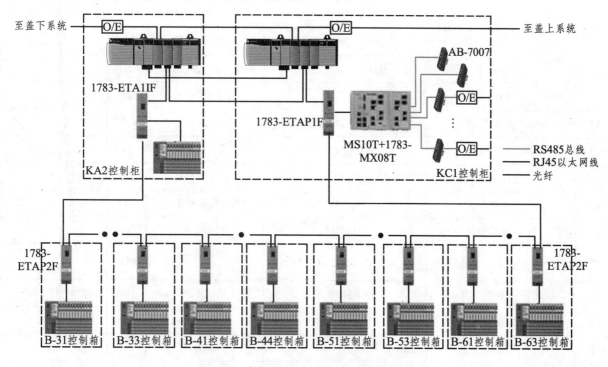

图 2.6　车辆段盖下的 BAS 系统结构图

二、2 号线 BAS 系统网络构成

（一）2 号线 BAS 的主要设备

宁波市轨道交通 2 号线 BAS 系统设备包括 1 座车辆段、1 座停车场、22 个车站（其中 18 座地下车站、4 座高架车站）。主要设备如表 2.1 所示。

表 2.1　2 号线 BAS 主要设备

序号	设备名称	规格型号	原产地/供应商	数量	单位	备注
1	控制器 CPU 模块	140CPU67160	法国/施耐德	83	块	
2	远程 I/O 接口模块	140CRP31200	法国/施耐德	83	块	
3	光纤通信模块，2 光口	140NRP31200	法国/施耐德	83	块	
4	通信模块，4 电口	140NOC78000	法国/施耐德	83	块	
5	机架电源模块	140CPS11420	法国/施耐德	83	块	
6	以太网通信模块	140NOC78100	法国/施耐德	44	块	
7	通信接口模块	BMXNOM0200	法国/施耐德	239	块	
8	光纤转换器（组网）	BMXNRP0200	法国/施耐德	333	块	
9	通信适配器模块	BMXCRA31210	法国/施耐德	333	块	

续表

序号	设备名称	规格型号	原产地/供应商	数量	单位	备注
10	I/O 模块（BMX 系列）	BMXDDI1602	法国/施耐德	1 059	块	总套数共 355 套
		BMXDDO1602	法国/施耐德	490	块	
		BMXAMI0810	法国/施耐德	750	块	
		BMXAMO0410	法国/施耐德	291	块	
11	IBP 盘面（BAS 部分）		法国/施耐德	22	套	
12	IBP 盘控制器	BMXP342000	法国/施耐德	18	块	地下站
13	IBP 盘交换机	BMXNOC0401	法国/施耐德	18	块	地下站
14	串口通信接口设备	HMS AB7006 Modbus 模块	瑞典/HMS	36	块	
15	开关电源	DC24V	施耐德（中国）	333	块	
16	二通阀电源模块及附件	AC24V	中国/圣阳	36	套	
17	温、湿度传感器	WM-522、DS-522、QAM2161	荷兰/密析尔、瑞士/西门子	976	台	
18	二氧化碳浓度传感器	T5100	墨西哥/Amphemol	190	台	
19	二通调节阀	Kombi-8F	中国/Honeywell	124	台	
20	流量计	50L1F-UC0B1AC2ABAA	中国/E+H	120	台	
21	压力传感器	QBE9000、QBE64-DP4	瑞士/西门子	108	台	
22	继电器	MY4NJ 24DC	中国/欧姆龙	3 616	个	
23	控制柜（箱）	FU606022C500S 机柜 MI220810C401M，箱	中国/奔泰	333	个	
24	UPS	EP10	深圳/科士达	6	台	

（二）地下车站 BAS 系统设备组成

地下车站 BAS 系统采用分层分布式结构，设备主要包括车站 A、B 两端的 PLC 机柜及机柜内安装的模块，车控室 IBP 盘内的 PLC 及模块，还有安装在车站不同设备层的远程 I/O 站。在系统中采用了法国施耐德公司生产的 Modicon TSX Quantum 系列 PLC，处理器为 140CPU67160 处理器模板；通过冗余工业以太网的方式与综合监控系统冗余交换机实施通信。车站两端主、从冗余 PLC 采用符合国家及国际标准协议的光纤以太环网相连接；PLC 冗余控制器与远程 I/O 之间采用符合国家及国际标准协议的光纤以太环网实现监控，BAS 系统与采用硬线接口的设备采用点对点的方式连接；BAS 系统通过 RS485 总线与 FAS 相连；IBP 盘 RIO 通过符合国家及国际标准协议的光纤以太环网与主 PLC 相连。为防止网络间相互影响，PLC 与综合监控、PLC 与 PLC 之间、以及 PLC 与远程 I/O 之间的网络从物理上要相互独立、互不干扰。通过这样的方案，BAS 系统在正常状态下保证各地铁车站及区间内机电设备运营安全，各项公共设备能可靠、节能地运行；在灾害状态、事故状态下能确保各系统设备的应急运行。

BAS 系统中我们采用了光纤以太环网的方案。BAS 系统的 A 端、B 端控制器采用施耐德电气公司的可靠性、稳定性、安全性最高，性能最高的 Modicon Quantum 系列 PLC 产品。通过其完成本车站所辖区间隧道及车站的通风空调大系统、小系统及给水系统、照明系统、导向指示标志、自动扶梯、电梯、给排水系统相关设备进行监控及管理，同时对相关设备用房和公共区的环境温湿度等参数进行监测、以及与现场设备（如变频器、软启动器、智能马达保护器、群控系统、FAS、EPS、FT、冷水机组等设备）的通信等功能等。该产品属于工业级应用产品，具有很好的抵抗电磁干扰的能力，并获得了多项国际认证。现场级 I/O 采用 Modicon M340 系列远程 I/O，实现现场设备信号的采集和传输功能。现场级 I/O 中内置处理器芯片，保证整个 BAS 系统的可靠性和安全性。即便在 A 端、B 端控制器与现场级 I/O 设备的通信中断时，现场级 I/O 设备还可以独立运行，不至于造成现场设备失控或事故进一步扩大等现象发生。

控制系统与现场级 I/O 均配置有独立的光纤通信模块，它们之间采用光纤以太环网进行连接，实现现场级设备的数据采集和控制功能。总线通信速率高达 100 Mbps，具有环形网络天生的自愈功能，网络单点故障不会对通信造成任何影响。

控制系统中 A 端控制器、B 端控制器、IBP 盘控制器上均配置有独立的光纤通信模块，它们之间通过独立的光纤以太环网进行连接，完成 A 端控制器、B 端控制器、IBP 盘控制器之间的数据交换功能。

BAS 系统与综合监控系统采用工业级冗余以太网网络进行连接，保证了与综合监控系统的实时、可靠的通信链路。

典型地下车站的 BAS 系统结构图，如图 2.7 所示。

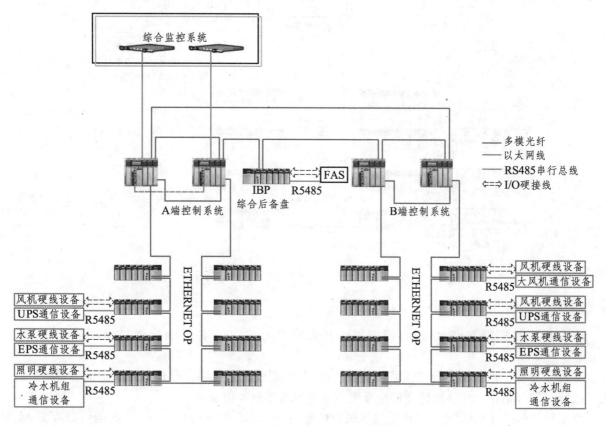

图 2.7　典型地下车站的 BAS 系统结构图

（三）高架车站 BAS 系统设备组成

高架车站采用和地下车站类似的网络结构及配置，在车站综合监控设备房中设置了一套冗余的 PLC，在具体设备附近设置就地控制箱，内设远程 I/O 模块，车控室 IBP 盘作为一个远程 I/O 站，配置相应模块。冗余 PLC 与远程 I/O 之间采用光纤以太环网连接。

　　BAS 系统中我们采用了光纤以太环网的方案。控制系统：BAS 系统控制器采用施耐德电气公司的可靠性、稳定性、安全性最高，性能最强的 Modicon Quantum 系列 PLC 产品通过它完成对本车站照明系统、导向指示标志、自动扶梯、电梯、给排水系统相关设备进行监控及管理，同时对相关设备用房和公共区的环境温湿度等参数进行监测以及与现场设备（智能马达保护器、FAS、EPS、FT、DT 等）的通信功能等。

　　典型高架车站的 BAS 系统结构图，如图 2.8 所示。

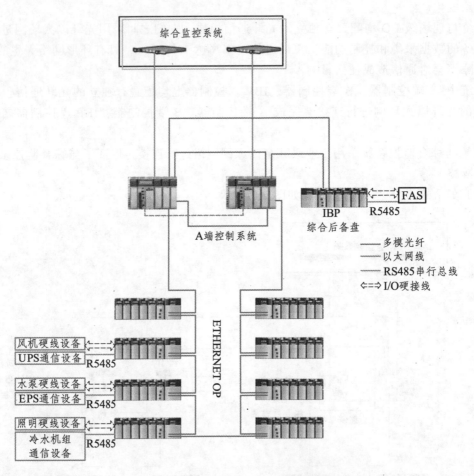

图 2.8　典型高架车站的 BAS 系统结构图

（四）停车场、车辆段 BAS 系统设备组成

　　停车场、车辆段 BAS 由 PLC 控制器（冗余配置）、RI/O、各类通信接口模块、现场总线等组成。

　　车辆段监控工作站由综合监控系统提供。BAS 车辆段站级向综合监控系统负责上传设备运行状态、故障报警等信息，并接收综合监控系统下发的设备控制等信息。

　　停车场、车辆段 BAS 的主要功能是实现对停车场和车辆段内通风空调系统、智能照明系统、给排水系统等相关设备的监控及管理。

　　车辆段采用和车站类似的网络结构及配置，在车辆段环控电控室内设置一套冗余的 PLC，在具体的设备附近设置有就地控制箱，内设远程 I/O 模块。冗余 PLC 与远程 I/O 之间通过环形高速光纤总线连接。

　　典型车辆段及停车场的 BAS 系统结构图，如图 2.9 所示。

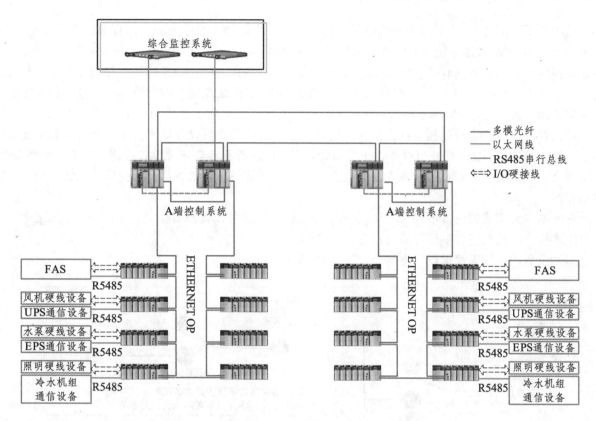

图 2.9　典型车辆段及停车场的 BAS 系统结构图

（五）现场设备

现场设备主要包括温湿度传感器、温度传感器、CO_2 浓度传感器、电动两通阀等。

二、BAS 系统权限原理

（一）BAS 权限流程设计思路

通过 BAS 系统进行监控的现场设备的控制指令来源有 OCC ISCS、车站 ISCS、IBP 盘 HMI、FAS 火灾报警、模式指令解析（含时间表指令），以上这些来源可以分为中央级和车站级指令，对于大多数设备来说都还具有现场控制箱，实现最低层的就地控制功能，所以对于一个设备来说其控制层面可以分为中央级、车站级和就地级三级。其中就地级控制为最低层，优先级别最高且每个设备具有 1 个；车站级控制的优先级别次之，每个车站 1 个；中央级控制的优先级别最低，也是每个车站 1 个；每个层面之间的控制权限切换只能是从优先级高的向优先级低的切换，而不能由优先级低的来夺取优先级高的权限。

综上，在一号线 BAS 系统的设备控制权限可以按以下类型区分：

（1）就地/远控。

（2）IBP 盘允许/禁止。

（3）FAS 指令。

（4）车站 ISCS 允许/禁止。

（5）OCC ISCS 允许。

其中（1）为设备级别的权限，每个受控设备一个；通过设置在就地控制箱上的旋钮或开关实现对权限的获取，具有最高优先级。权限表示为远程/就地中的就地。

其中（2）（3）（4）为车站级别的权限，每个车站一个；（5）为中央级别的权限，全线只有一个。FAS 指令是指车站 BAS 系统运行在非火灾工况条件下时，FAS 系统发出的第一个火灾报警指令。当就地设备控制权限在远程的时候，由 BAS 系统对设备进行控制。对于 BAS 的设备控制操作又细分为：BAS 模式控制设备、BAS 点动（车站工作站点动或 OCC 工作站点动）控制设备。是模式控制还是点动控制是由 BAS 软件中的标志位来决定，此标志位在上位机画面上体现为"手动/自动"状态。运行人员可以在上位软件上通过相关按钮操作来设置为手动或自动，当设备处于自动状态时，表示此设备将参与模式控制，不能点操；当设备处于手动状态时，该设备不参与正常模式控制，只接受点操命令。但是在火灾模式时，所有相关设备无论是处在手动状态还是在自动状态都会接受模式控制指令参与指定动作。

对于不参与模式的设备不设"手动/自动"标志位，即这种设备没有模式控制，只有点操控制。

模式指令的执行逻辑参照设备的指令执行逻辑。

车站设备控制权限逻辑设计方案，如图 2.10 所示。

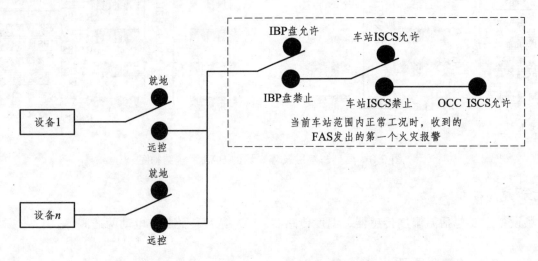

图 2.10　车站设备控制权限逻辑设计方案

（二）BAS 系统权限状态数据流

设备级权限通过 RI/O 或通信接口获得，RI/O 或通信处理器取得设备权限后进行数据打包之后通过通信的方式传递给车站主 PLC。

IBP 盘 "允许/禁止" 权限通过硬线与 BAS 系统的 IBP I/O 相连，FAS 火灾报警通过通信接口接入到 IBP 处的通信模块，从而通过现场双总线将以上两者的权限状态信息打包后传递给车站主 PLC。

车站和 OCC 的综合监控工作站的控制指令先传递到车站实时服务器，车站实时服务器直接和车站主 PLC 通过以太网相连，通信协议为 Modbus TCP/IP，ISCS 可以通过通信对主 PLC 中的 "车站 ISCS/OCC ISCS" 状态 "bit" 进行置位、复位。详细的通信协议及其连接拓扑结构，如图 2.11 所示。

各种权限到达主 PLC 后，主 PLC 进行综合判断，决定系统当前权限状态，并反馈到车站综合监控工作站上用于监视。这时主 PLC 收到设备或模式的控制指令后，通过权限判断，符合权限的指令将被执行，不符合权限的指令将被丢弃（即指令将不被执行，系统会将指令复位，对设备和模式没有任何影响）。

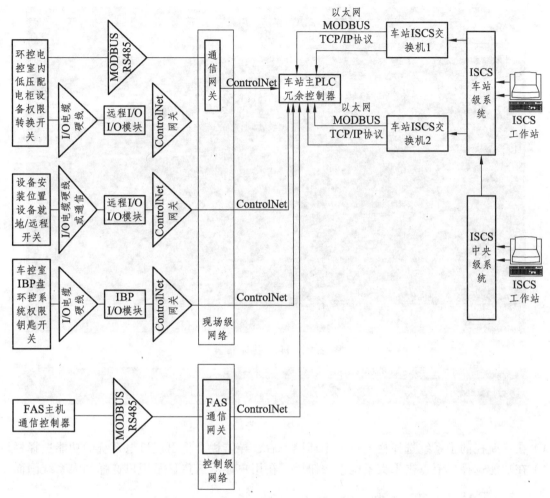

图 2.11　详细的通信协议及其连接拓扑结构

三、BAS 系统人机界面

(一) 画面导航

宁波市轨道交通 1 号线采用 22 英寸液晶显示器，HMI 画面必须要在此型号的显示器上全屏显示。为此可以将 HMI 界面分为 4 部分，分别是：菜单栏、导航栏、用户显示区、底部栏。系统启动后，菜单栏、导航栏和底部栏会自动加载，并且在屏幕的固定区域显示，用户不能移动或者关闭这些窗口。用户显示区是除了菜单栏、导航栏和底部栏这些固定窗口以外的部分，不会被固定窗口覆盖，用户打开的 HMI 画面可以在这个区域显示。

宁波市轨道交通 1 号线的 HMI 整体布置，如图 2.12 所示。

操作员可以利用导航栏完成宁波市轨道交通 1 号线画面的导航。

导航栏包括子系统选择栏，功能选择栏，车站栏，日期时间以及宁波市轨道交通 LOGO 和用户信息区，如图 2.13 所示。

用户可以利用导航栏的子系统选择栏，功能选择栏，车站选择栏提供的按钮调用需要显示的 HMI 画面。

综合监控系统 HMI 的导航流程基本原则是：中心操作员在 OCC 选择时，可以对全线进行操作；而车站操作员在车站选择时，只能对本站进行操作。

下面以进入上图大系统画面为例，描述操作步骤：

（1）在控制中心工作站上运行 SAMMI，用 nb1 登陆。

（2）在导航栏的车站选择栏上，选择站名【世纪大道】。

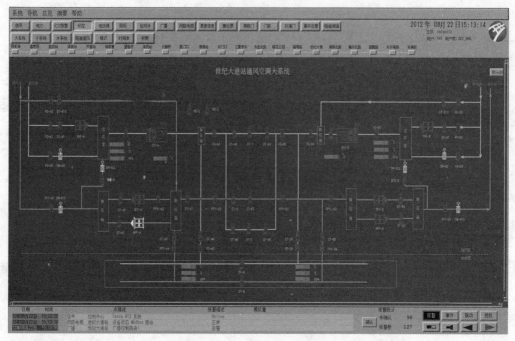

图 2.12 HMI 整体布置

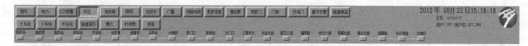

图 2.13 导航栏

（3）在导航栏的子系统选择栏上点击【环控】后，导航栏上将出现机电系统的功能选择栏。

（4）在功能选择栏上点击【大系统】按钮后，在用户显示区将显示用户选择的大系统画面。

（二）车站 BAS（机电）画面

车站 BAS 设备的监控画面，如图 2.14 所示。

图 2.14 车站 BAS 设备的监控画面

空调水系统画面，如图 2.15 所示。

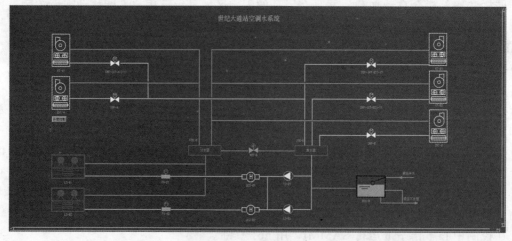

图 2.15 空调水系统画面

空调大系统（公共区空调通风系统）画面，如图 2.16 所示。

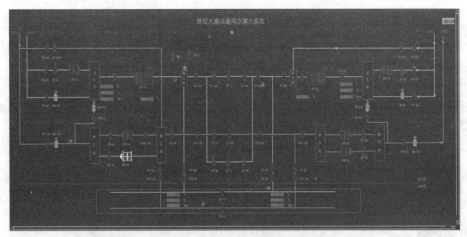

图 2.16　空调大系统（公共区空调通风系统）画面

空调小系统（设备用房等空调通风系统）画面，如图 2.17 所示。

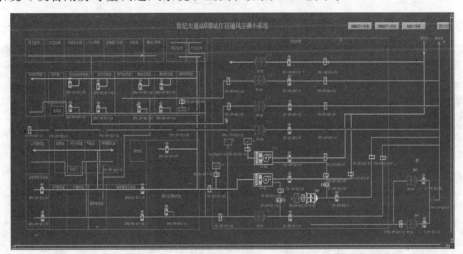

图 2.17　空调小系统（设备用房等空调通风系统）画面

车站模式画面，包括火灾模式和阻塞模式的状态查看画面；空调大系统与水系统、空调小系统、动力照明和电扶梯系统的模式画面，如图 2.18 所示。

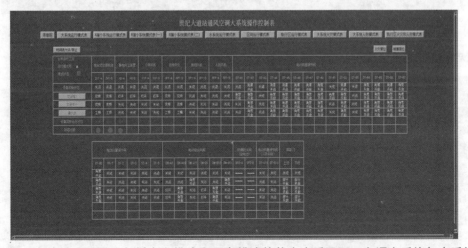

图 2.18　车站模式画面，包括火灾模式和阻塞模式的状态查看画面；空调大系统与水系统、空调小系统、动力照明和电扶梯系统的模式画面

区间隧道通风画面，如图 2.19 所示。

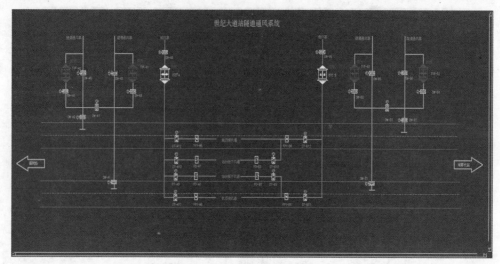

图 2.19　区间隧道通风画面

车站照明及配电设备状态显示画面，如图 2.20 所示。

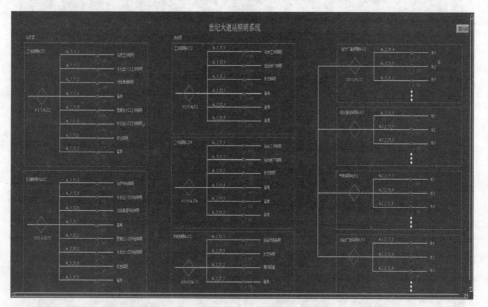

图 2.20　车站照明及配电设备状态显示画面

车站电扶梯监控画面，如图 2.21 所示。

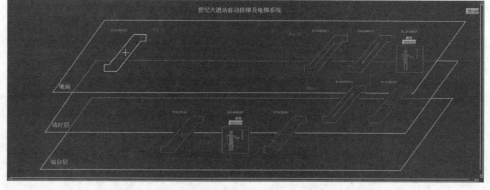

图 2.21　车站电扶梯监控画面

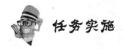

一、控制功能操作

（一）单点控制

BAS设备的单点控制步骤如下。

（1）操作员可以在HMI画面上用鼠标左键单击数据对象的图元，将弹出如图2.22所示的操作面板。

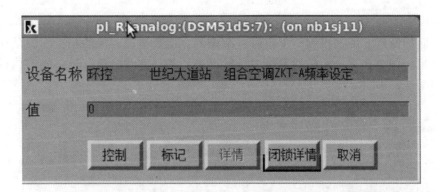

图 2.22　操作面板

（2）点击该操作面板上的【控制】按钮，将弹出如图2.23所示的控制面板。

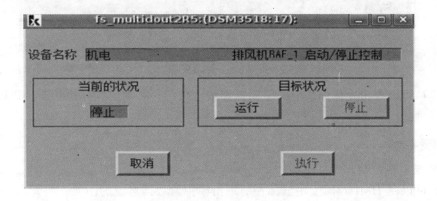

图 2.23　控制面板

操作员可以看到被控数据点的设备名称、点的当前状态。在"目标状态"选择框中，被控数据点有两个目标状态按钮。

（3）选择所要进行的操作，然后单击"执行"按钮就可以将控制命令发送给被控数据点。

如果操作员在HMI画面上选择的设备具有三态控制，点击操作面板上的【控制】按钮后，将弹出三态数字量控制面板，如图2.24所示。

操作员可以看到被控数据点的设备名称、点的当前状态。在"目标状态"选择框中，被控数据点有三个目标状态按钮，不可用的目标状态按钮会自动变灰，不提供使用。操作员必须要为被控数据点选择一个可用的目标状态按钮，选择了目标状态按钮后，"执行"按钮变为可用。

然后单击"执行"按钮就可以将控制命令发送给被控数据点。

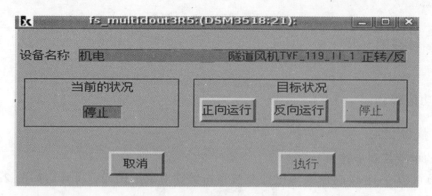

图 2.24　三态数字量控制面板

（二）控制闭锁

当用户单击面板窗口上的"控制"按钮后，系统都会检查被控对象的相关闭锁条件。如果该对象的闭锁条件不满足，则会在弹出的对话窗口中显示出来，并且此时对话窗口上的"执行"按钮变灰，不提供使用，如图 2.25 所示。

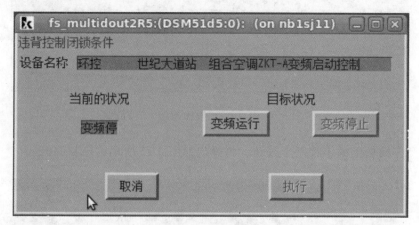

图 2.25　对话窗口

此时，操作员可以点击操作面板上的【闭锁详情】按钮，查看闭锁详情画面，以确定当前控制违背了哪些闭锁条件。

（三）模拟量控制

BAS 设备的模拟量控制步骤如下：

（1）操作员可以在 HMI 画面上用鼠标左键单击模拟量数据对象的图元，将弹出如图 2.26 所示的操作面板。

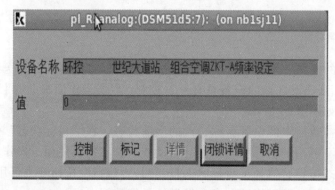

图 2.26　模拟量控制

（2）点击该操作面板上的【控制】按钮，将弹出如图 2.27 所示的控制面板。

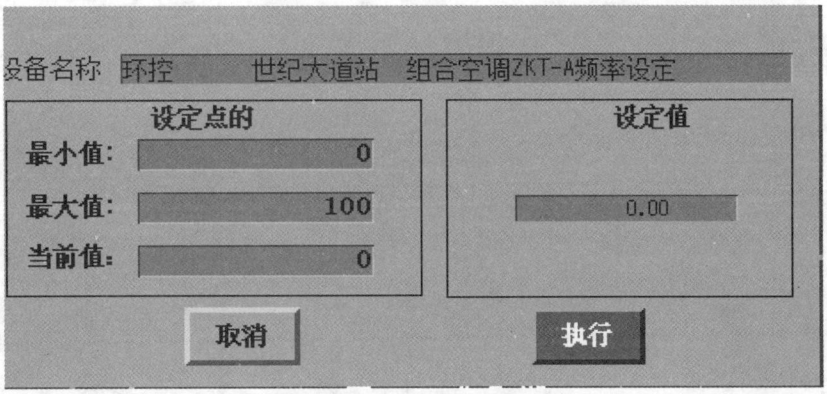

图 2.27　模拟量控制

操作员在"新值"文本框中输入需要的数据，按下回车，然后点击【执行】按钮，就可以将模拟量值发送给设备。

注意事项：模拟量设置值的范围为最小值与最大值之间，输入设定值后，要先按回车键，再按【执行】按钮。

二、时间表功能★

（一）时间表介绍

宁波市轨道交通 1 号线在正常运营时，每日所有 BAS 设备的启停等控制由 ISCS 的 BAS 时间表功能实现。当时间表运行被禁止时可以对设备子系统（Subsystem）进行模式控制。

模式画面，如图 2.28 所示。

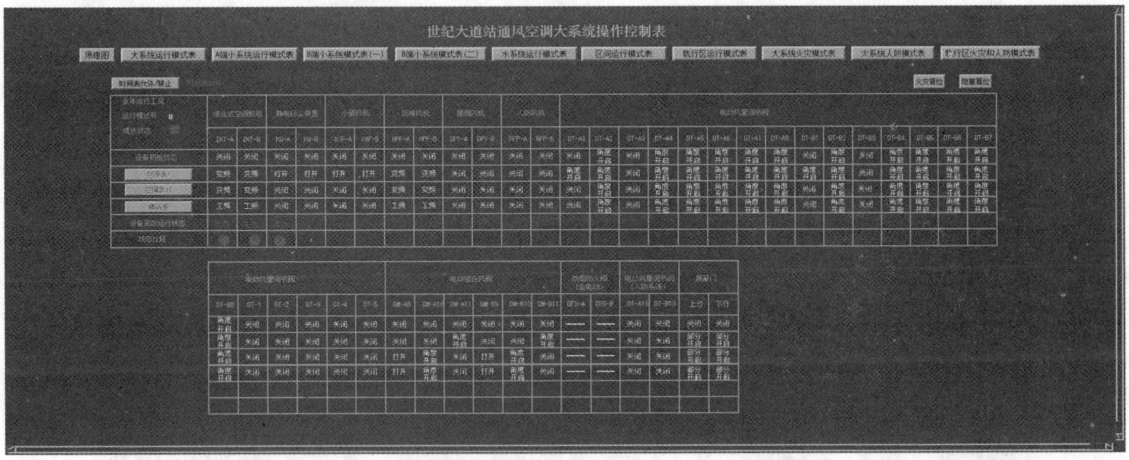

图 2.28　模式画面

进行模式控制前也需要对闭锁条件进行检查，检查的内容包括：控制权所在地和设备子系统的时间表控制方式是否为禁止状态。模式控制的画面，如图 2.29 所示，单击需要下发的模式，在弹出的模式下发对话框中单击【执行】，ISCS 将下发选中的模式号至 BAS 的 PLC，PLC 收到控制指令并判断合法后，分解为具体的设备控制指令并执行。

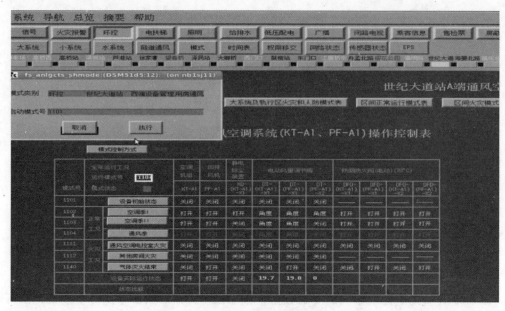

图 2.29　模式表画面

（二）时间表功能

宁波市轨道交通 1 号线在正常运营时，每日所有 BAS 设备的启停等控制由 ISCS 的 BAS 时间表功能实现。

宁波市轨道交通 1 号线 ISCS 为每个车站提供了最多 10 张时间表。ISCS 时间表功能允许有权限的操作员编辑每个车站的 BAS 时间表，并可进行时间表下发操作。时间表的编辑和下发功能只能在中心级 ISCS 实现。车站级 ISCS 可以查看本站 10 张时间表的内容及相关设置。

时间表功能包括许多组成部件：

（1）对时间表进行改名、删除和编辑的工具。

（2）管理各站时间表下发的工具。

（3）管理全线共用时间表的工具。

这些管理工具可以从时间表管理的主画面点击进入，如图 2.30 所示。

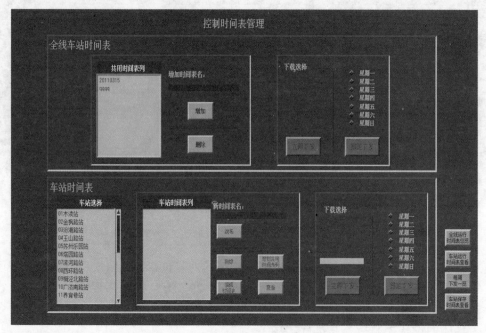

图 2.30　时间表画面

编辑好的时间表可以被操作员保存，以及下发。

时间表的保存是指操作员点击画面中的保存按钮后，ISCS 会自动把当前编辑的时间表内容保存在对应车站的服务器中，供后续调阅、编辑和下发所用。

时间表的下发是指，ISCS"立即下发"和"排定下发"两种方式的下发功能，操作员点击"立即下发"按钮（或者系统在"排定下发"定义的那天）时，ISCS 会把该时间表从对应的车站服务器中找到，并通过 FEP 下发到 BAS 的主 PLC 控制器中，BAS 的主 PLC 控制器收到该时间表后，将立即执行。

需要注意的是，ISCS 与 BAS 主 PLC 间在下发/读回过程仅使用一张完整的时间表；每个车站的BAS 主 PLC 控制器将保持住 ISCS 下发的最新一张时间表，并执行最新的时间表。

（三）BAS 时间表编辑、查看

宁波市轨道交通 1 号线每个车站的 10 张 BAS 时间表全部保存在车站 ISCS 服务器，操作员对时间表"改名""编辑"的信息会被实时地保存到车站 ISCS 服务器。

ISCS 仅允许中心 ISCS 进行时间表内容的编辑、进行时间表名的修改，系统内允许为每个车站编辑最多 10 张时间表，每张时间表内最多允许 40 个模式号。

时间表内各个 BAS 子系统允许选择的模式号由设计院的程序表决定，每个 BAS 子系统内在同一时间只允许运行一个模式号。时间表的编辑画面从"时间表管理"画面中先选择车站及对应的时间表，然后点击【编辑】按钮进入。时间表的管理画面，如图 2.31。

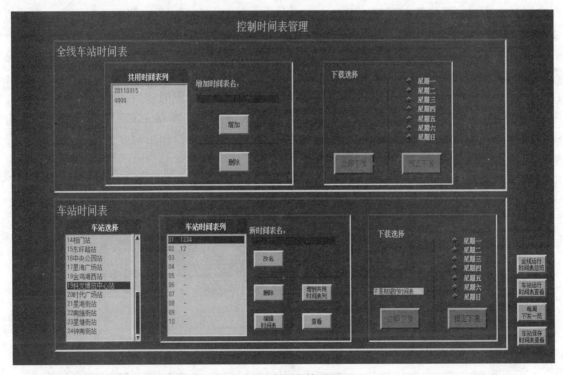

图 2.31　时间表管理画面

时间表的编辑画面，如图 2.32 所示，允许操作员按 BAS 子系统分别编辑时间表。

操作员首先要选择子系统，然后在下面的　模式　栏中会列出该子系统内允许使用的所有模式号；操作员选择模式号，再选择一个时间 0 ： 0 ，然后点击【添加】按钮，对应的模式号与设定时间将出现在　时间表内容　栏内。依此方法编辑所有 BAS 子系统的时间表内容完成后，点击【确认保存】按钮，系统将保存（至车站 ISCS 服务器）所编辑的内容，同时该时间表的版本号自动加 1。

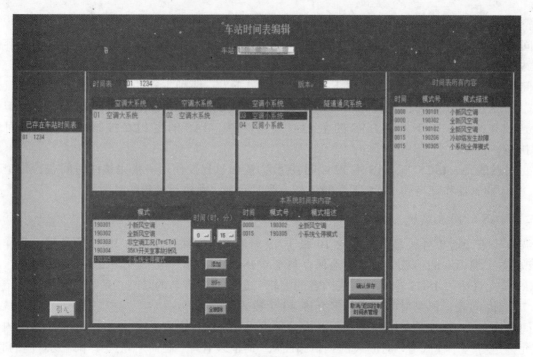

图 2.32　时间表的编辑画面

在实际运营中，经常需要在现有时间表的基础上修改部分内容生成另一张新的时间表，宁波市轨道交通 1 号线 ISCS 软件提供了时间表"引入"编辑的功能。操作员在"时间表管理"画面中新建一张时间表，进入编辑状态，在 已存在车站时间表 栏中选择某个已有的时间表，然后点击 引入 按钮，系统则在 时间表内容 栏内显示该时间表的内容；操作员可以根据需要在此基础上做部分的修改，点击【确认保存】按钮，系统将保存（至车站 ISCS 服务器）所编辑的内容，同时该时间表的版本号自动加 1。

中心 ISCS 的时间表"保存"指令，发送给车站 ISCS 服务器，车站 ISCS 服务器根据指令将操作员所编辑的时间表内容保存起来。同时，系统将在事件列表中记录操作员对时间表修改后的"保存"操作事件。

中心或车站的操作员可以查看本站 ISCS 内保存的 10 张时间表的所有内容，画面如图 2.33 所示。

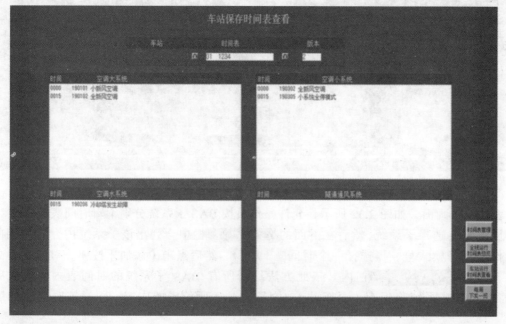

图 2.33　时间表

需要注意的是，如果某个车站的 ISCS 服务器从骨干网离线（所有的网络链接全部断开），那么中心 ISCS 的操作员则无法查看、编辑该站所有的时间表。

（四）BAS 时间表下发、执行和监视

BAS 时间表的下发包括"排定下发"与"立即下发"，仅允许中心 ISCS 进行时间表的排定下发与立即下发操作。

（1）排定下发功能允许操作员对车站设定从星期一到星期日每天所下发的时间表。每天的下发时间可以设定为凌晨 2 点或任何运营认为合适的时间（系统生成后无法修改），这些设置被保存在车站的 ISCS 服务器内，ISCS 每天会自动在此时间向车站 BAS PLC 控制器下发时间表，如图 2.34 所示。

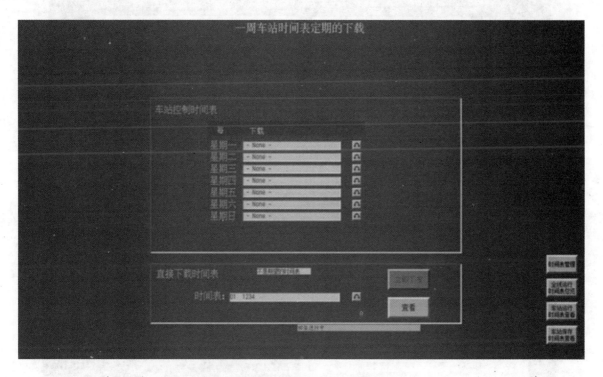

图 2.34 OCC 设定车站下发的画面

（2）立即下发功能允许操作员将所选择的时间表立即下发给 BAS PLC 控制器，并启动执行。

中心 ISCS 发出的下发指令（排定下发或立即下发），直接发送给车站 ISCS 服务器，车站 ISCS 服务器根据指令要求将指定的时间表通过 FEP 下发给 BAS 主 PLC 控制器；如果各个 BAS 子系统的"允许/禁止"标志位处于"允许"状态，PLC 控制器将立即执行该子系统的时间表内容。

操作员对时间表"排定下发"的设置信息会被实时地保存到车站 ISCS 服务器。当 OCC 的操作员对某个车站的排定下发设置完成后，如果中心 ISCS 与车站 ISCS 失去通信，不会影响该车站每天的时间表排定下发。

宁波市轨道交通 1 号线车站 ISCS 没有设置排定下发以及立即下发时间表的权限。车站的 ISCS 可以查看本站的排定下发设置，操作员可以查看每天本站需要下发的时间表表名；还可以查看本站所有时间表的内容，如图 2.35 和 2.36 所示。

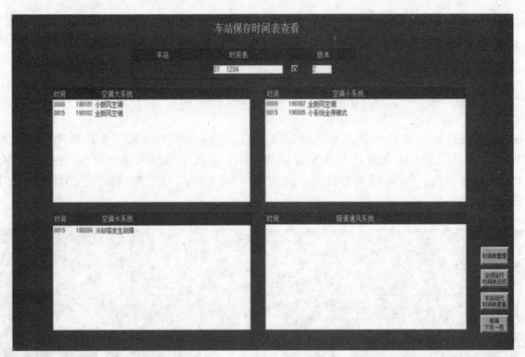

图 2.35　车站保存时间表查看

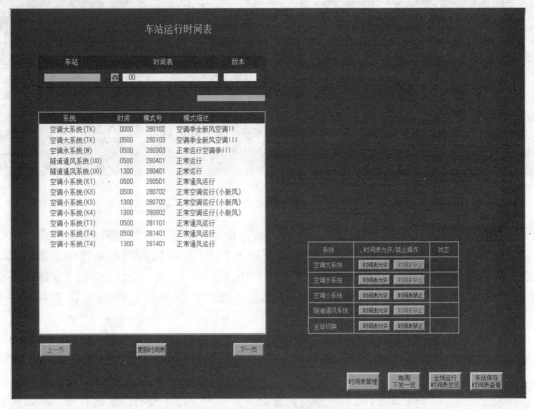

图 2.36　车站运行时间表查看

（五）BAS 共用时间表

宁波 1 号线 ISCS 向中心 ISCS 提供了 BAS 全线车站共用时间表功能，允许操作管理多个车站的同一名称的时间表。当 OCC 综合设备调度员对共用时间表进行立即下发与排定下发操作时，全线拥有该表名的车站将执行相应的下发操作，如图 2.37 所示。

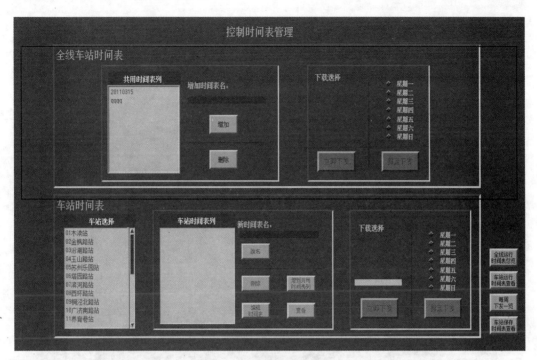

图 2.37　BAS 共用时间表

共用时间表是一个方便操作员使用的快捷工具，如果操作员为某个共用时间表（比如表名为"公用时间表测试"）设置了排定下发，那么 ISCS 会把这个设置自动保存到全线所有含有"公用时间表测试"表名的车站 ISCS 服务器中。

（六）BAS 时间表允许/禁止与监视

时间表被下发到 BAS 主 PLC 后，有权限的 OCC 或车站的 MFT（工作站）操作员可以使用"时间表的允许/禁止"的功能。

ISCS 将按 BAS 的子系统设置时间表允许/禁止点，设置为允许时，系统仅执行时间表内的模式号，不执行其它的模式号或设备控制指令，BAS 主 PLC 亦不接受任何的模式和设备控制指令；当设置为禁止时，主 PLC 保持现有模式号的运行状态，同时可接受模式号或设备控制指令，允许操作员下发模式或设备控制指令。

操作员可以分别"允许/禁止"各个子系统的时间表控制，如：操作员可以暂时禁止车站环控子系统的时间表控制，然后手动选择某个模式号或设备进行人工控制；如果有需要，在一段时间以后操作员可以点击"时间表允许"按钮，恢复车站环控子系统的时间表控制。

图 2.38 为时间表运行内容查看画面，该画面将时间表内各个子系统部分的内容分开进行显示，以方便操作员的查看。

有权限的操作员可以点击【更新时间表】按钮，从 PLC 读回当前正在运行的时间表。

在每个子系统内，按启动时间顺序排列各个模式号及其对应的描述。在各个子系统列表的下方有【时间表允许】和【时间表禁止】按钮，当操作员的权限正确时，可以利用此按钮来允许或禁止时间表，以管理时间表的运行。

图 2.39 为中心 ISCS 运行时间表总览画面，允许操作员查看各站当前的时间表号、表名及其版本号，并可通过【内容】按钮查看车站时间表内容。

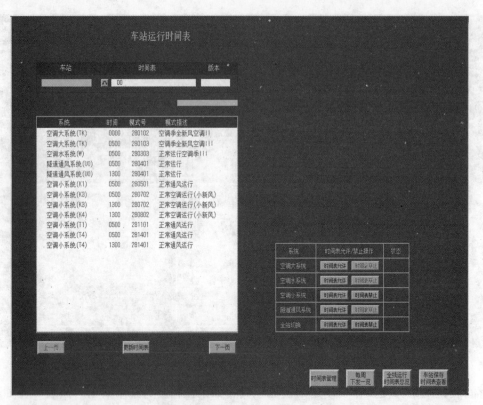

图 2.38 车站运行时间表及时间表允许/禁止画面

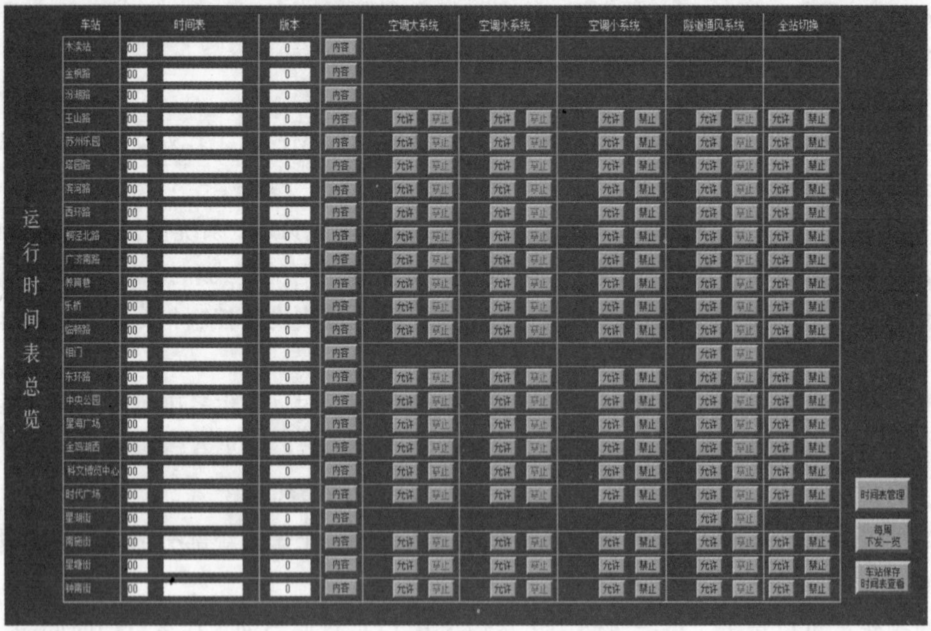

图 2.39 全线运行时间表总览画面

该画面向操作员列出了全线各站各个 BAS 子系统的时间表"允许/禁止"状态，有权限的 OCC 操作员可以进行各个子系统的切换或全站的切换。

（七）注意事项

1. 时间表

时间表的下发是指 ISCS "立即下发"和"排定下发"两种方式的下发功能，操作员点击"立即下发"按钮（或者系统在"排定下发"定义的那天）时，ISCS 会把该时间表从对应的车站服务器中找到，并通过 FEP 下发到 BAS 的主 PLC 控制器中，BAS 的主 PLC 控制器收到该时间表后，将立即执行。

需要注意的是，ISCS 与 BAS 主 PLC 间在下发/读回过程仅使用一张完整的时间表；每个车站的 BAS 主 PLC 控制器将保持住 ISCS 下发的最新一张时间表，并执行最新的时间表。

相应的模式执行方式需转换到时间表，才能按照设定好的时间表运行。

2. 控制权限移交功能

（1）控制权限管理画面。

① OCC 全线【环控授权】画面：显示每个车站的 BAS 子系统的控制地点，包括 OCC、车站等。

② OCC 的单站 BAS【授权】管理画面：允许 OCC 操作员对 BAS 子系统的控制权限进行转移。

③ 车站 BAS【授权】管理画面：允许操作员对车站的 BAS 子系统的控制权限进行转移。

（2）权限移交画面中使用的文字及按钮的颜色定义如下：

① 绿色：表示系统的控制权在默认地点（控制权的默认地点为：车站）。

② 暗黄色：表示系统的控制权不在默认地点。

③ 蓝色：表示权限移交的过程。

④ 车站、中心的权限画面，如图 2.40 和 2.41 所示。

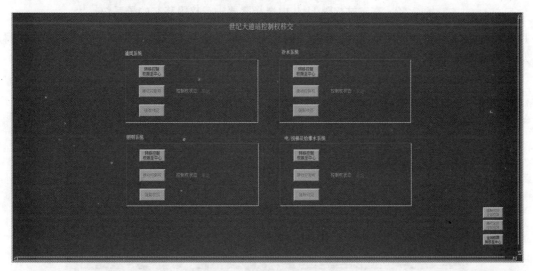

图 2.40　车站权限移交画面

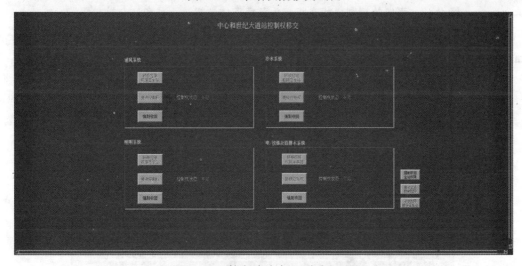

图 2.41　控制中心权限移交画面

三、车站和控制中心之间的权限移交

车站和中心级之间权限的正常移交的步骤如下（假设控制权在控制中心）。

（1）在车站权限 HMI 中选择需要进行权限移交的子系统，如通风系统，单击【转移控制权限至远方】按钮，如图 2.42 所示。

图 2.42　在车站权限 HMI 中选择需要进行权限移交的子系统

（2）系统的控制权状态将变为蓝色字体，描述为"车站交接权限"（若有中心级向车站转移权限，则描述为"交接权限到车站"），如图 2.43 所示。

图 2.43　系统的控制权状态将变为蓝色字体，描述为"车站交接权限"

（3）中心的权限交接画面的【接收控制权】按钮将变为红色，以提示操作员接受系统的控制权限，如图 2.44 所示。

图 2.44　中心的权限交接画面的【接收控制权】按钮将变为红色

（4）操作员单击接收控制权按钮后，系统的控制权限将转移到控制中心。转移后的控制权限画面，如图 2.45 所示。

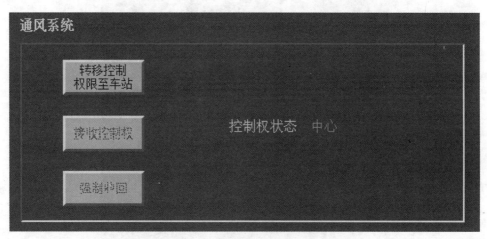

图 2.45 转移后的控制权限画面

四、车站和中心级之间权限的强制移交

（一）在车站和中心级之间支持权限的强制转移

当控制权在车站时，中心级控制权地点能够强制收回系统的控制权；当控制权限在中心级时，车站可以强制收回系统的控制权。权限强制转移的步骤如下（假设系统的控制权限在控制中心）。

在车站权限 HMI 中选择需要强制收回控制权的状态，如通风系统，单击【强制收回按钮】，如图 2.46 所示，系统的控制权将被车站强制收回。

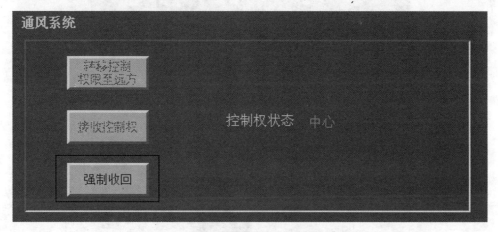

图 2.46 单击【强制收回按钮】

（二）注意事项

维修人员在车站需要控制权限时，需向调度提出申请，作业完成后，需及时上交权限。

五、BAS 系统 PLC 冗余功能验证

通过 BAS 专业 PLC 控制器冗余功能验证作业,验证 PLC 控制器冗余功能是否正常，保证当主 PLC 控制器故障时，从 PLC 控制器切换正常，保证系统稳定安全地运行。

（1）佩戴防静电手腕。使用时腕带必须与皮肤接触，接地线亦须直接接地，如图 2.47 所示。

图 2.47　佩戴防静电手腕

（2）检查冗余 PLC 目前的工作状态，并记录数据。作业标准：查看 1756-RM 模块 PRI 指示灯是否亮绿灯，处于"OFF"时表示此 PLC 控制器处于备用状态，如图 2.48 所示。

图 2.48　检查 CPU 模块正常的工作状态

（3）检查冗余 PLC 目前的工作状态，并记录数据。作业标准：1756-PA72 电源模块开关拨到"OFF"即可。

（4）检查冗余控制器此时的工作状态，并且利用对讲机通知在车控室的同事查看 ISCS 画面中 BAS 监控信息有无变化，并记录数据。

作业标准：查看之前处于备用状态的 PLC 控制器。此时 1756-RM 模块 PRI 指示灯如果亮绿灯则表示为切换成功，ISCS 工作站 BAS 监控信息无异常，以及通信状态正常也表示为切换成功。

（5）将断电 PLC 控制器重新上电，并查看其此时的工作状态，并记录数据。

作业标准：将 1756-PA72 电源模块开关拨到"ON"即可。此时其处于备用的工作状态，也就是 1756-RM 模块 PRI 指示灯处于"OFF"状态。

（6）复位正常结束后，重复第（2）（3）（4）（5）项的工作。

作业标准：同第（2）（3）（4）（5）项标准。

（7）结束工作之后，检查冗余 PLC 控制器此时的工作状态，并记录数据。

作业标准：冗余 PLC 控制器的工作状态与切换前保持一致。

（8）注意事项，做冗余切换，不能同时将两台 PLC 控制器断电。

六、AB7006 配置及检测★

（一）AB7006 硬件说明指南

指示灯说明：见图 2.49 和 2.50。

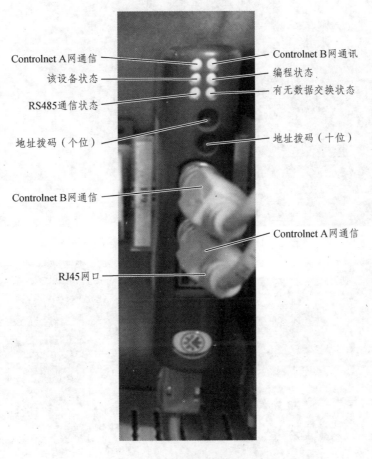

图 2.49　AB7006 硬件（一）

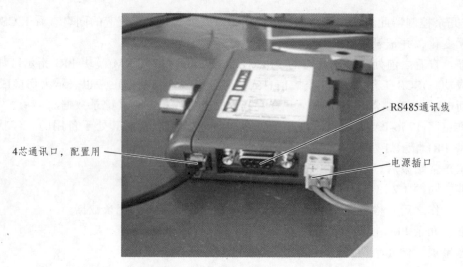

图 2.50　AB7006 硬件（二）

（二）AB7006 硬件与电脑连接说明

　　当指示灯为非配置状态时，插入 AB7006 自带的专用 4 芯通信线转接线，再插入专用的转 USB 接口的线，最终连接至电脑，如图 2.51 和 2.52 所示。

图 2.51　AB7006 硬件与电脑连接（一）

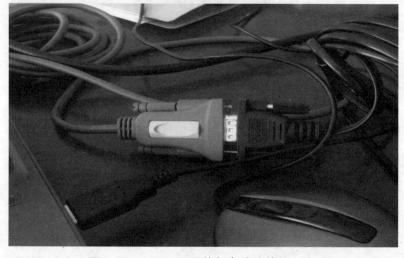

图 2.52　AB7006 硬件与电脑连接（二）

（三）已保存项目配置下装应用

（1）选择文件打开菜单，如图 2.53。

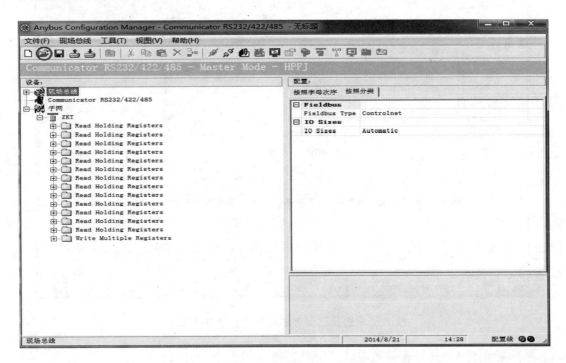

图 2.53　选择文件打开菜单

（2）选择已保存的项目进行选取，如图 2.54 和 2.55 所示。

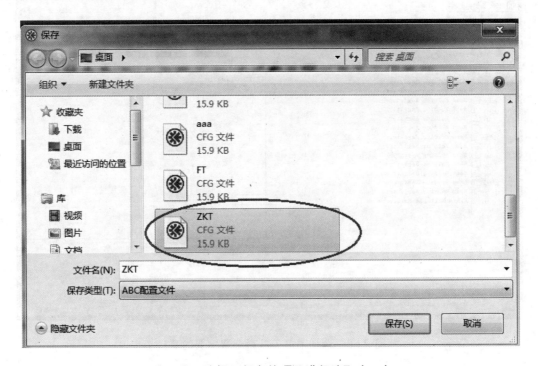

图 2.54　选择已保存的项目进行选取（一）

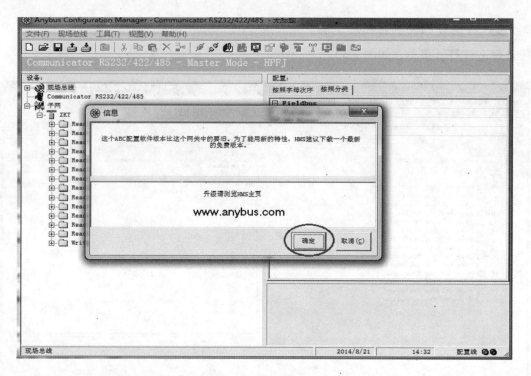

图 2.55　选择已保存的项目进行选取（二）

（3）选择菜单工具栏选取需要的端口，如图 2.56 所示。

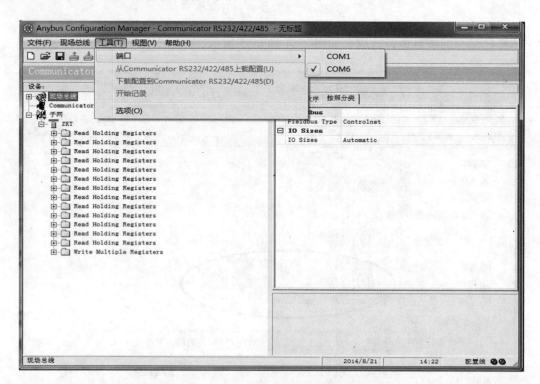

图 2.56　选择菜单工具栏选取需要的端口

（4）选择连接命令，使调试电脑与 AB7006 建立通信连接，如图 2.57 所示。

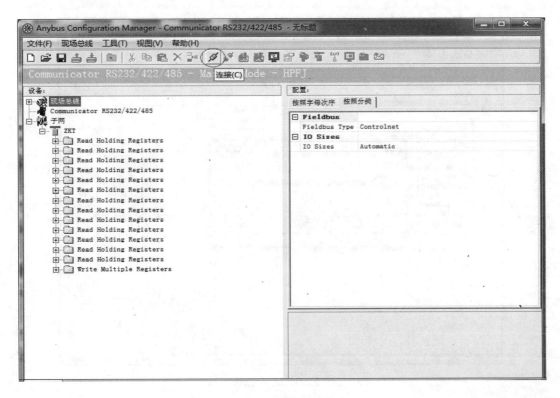

图 2.57 选择连接命令

（5）下载该配置，如图 2.58 所示。

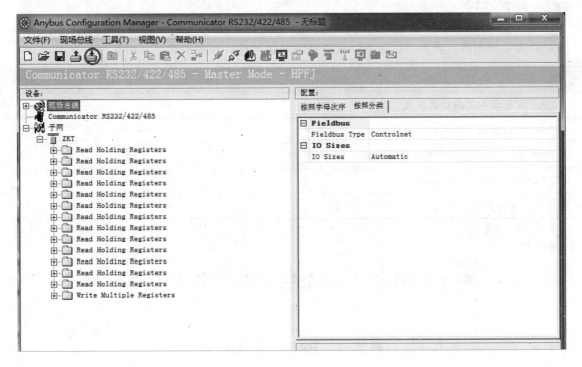

图 2.58 下载该配置

也可进行上传操作，上传时点击图中 2.58 红圈左边一个选项，即可上传 AB7006 中的配置，如图 2.59 所示。

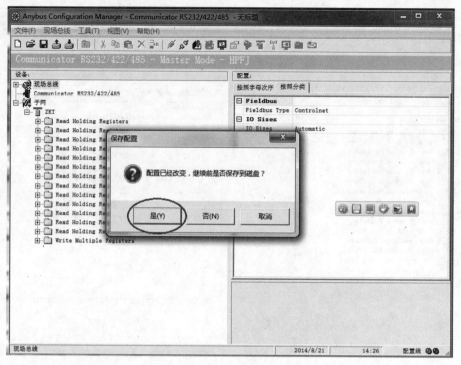

图 2.59　上传操作

点击"是"完成下载任务后保存配置项目。

 任务评价

根据以上学习内容，评价自己对本任务内容的掌握程度，在下表相应空格里打"√"。

评价内容	差	合格	良好	优秀
对 BAS 系统设备及网络的掌握				
对 BAS 控制功能及时间表功能的操作				
对 BAS 系统 PLC 冗余功能验证的操作				
对 AB7006 配置及检测的操作				
学习中存在的问题或感悟				

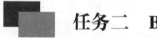 **任务二　BAS 系统故障案例**

案例一　BAS 冗余失效★

一、故障概况

（1）设备名称或型号：BAS 系统 PLC。

（2）故障类型或现象：冗余失效，单机运行。

（3）故障影响程度与等级：BAS设备冗余失效，单台运行，存在BAS监控的机电设备无法控制的风险。

二、故障处理经过简介

（一）信息获得

某日某时，BAS网管系统巡检时发现，2台互为冗余的BAS系统PLC，当前显示冗余失效，单台PLC运行。

（二）先期故障判断及准备内容

（1）某日某时，BAS维护员在网管系统巡检时发现，BAS系统PLC单台运行，冗余失效。

（2）BAS维护员作出初步判断，可能为其中1台PLC在运行时出错、程序丢失，此柜内硬件设备发生故障。

（3）需准备专用的笔记本电脑，对应站PLC程序，数据线，准备到达现场后连接PLC查找冗余失效的原因。

（三）故障现象确认及初步诊断

到达现场后，打开对应的机柜，首先检查此机柜内的硬件是否存在故障，如检查供电是否正常，PLC模块有无闪红灯的故障。如发现硬件故障则需向站务说明情况，收车后请点更换故障硬件。非硬件问题时则用专用电脑连接对应的PLC，进行问题查找，查看程序是否出错、丢失。

（四）故障实际查找过程及确认

经BAS维护员确认为PLC软件方面的问题。

（五）故障排除的方法及结果

（1）首先检查此机柜内的硬件是否存在故障，如检查供电是否正常，PLC模块有无闪红灯故障。经检查后确认无硬件故障。

（2）用专用笔记本电脑连接PLC，进行判断。

（3）经过判断，确定为PLC程序出错。

（4）对冗余丢失的PLC设备进行重新启动和配置，BAS冗余恢复。

三、原因分析

（一）故障产生的直接原因与逻辑分析

由于PLC故障，导致冗余失效。

（二）故障直接原因产生因素分析

由于PLC软件运行中出错，导致BAS系统冗余失效。

四、案例处理优化分析

（一）案例处理的优化解决方案

工作人员针对此次故障处置的现场处置较为稳妥。

（二）故障正确处理的方式方法及关键步骤

（1）处理人员到达现场后，在车控室向站务请点，经站务和环调同意后进行问题的排查。

（2）打开机柜，用"五感"法检查故障发生的原因，先排除硬件故障。

（3）用专用笔记本连接 PLC 进行故障原因查找，查找 PLC 发生故障的根本原因。

（4）故障原因找到后对故障的 PLC 进行重新启动，PLC 会自动对程序进行加载，当自动加载未成功，需手动同步主从程序时，应确保 BAS 冗余正常。

五、专家提示

（1）故障处理前，一定要做好充足的准备工作，电脑必须带，程序必须匹配。

（2）故障处理时，一定要和站务和环调做好充分的沟通工作，经许可才能查看。

（3）如果为硬件故障，或经排查软件软件原因引起的冗余无法投运时。需请临时点，在收车后继续处理，做好、做足准备工作，收车后抓紧时间处理，尽快保证 BAS 冗余系统的正常投用。

六、预防措施

平时日检、周检要到位，发现问题立即上报进行处理，半年检时定期做好 BAS 系统的冗余测试。

七、思考题

（1）BAS 系统冗余失效是怎么产生的？

（2）简述 BAS 冗余失效的处理流程。

（3）简述冗余在 BAS 专业中的重要性。

案例二　BAS 网络通信失效★

一、故障概况

（1）设备名称或型号：BAS 系统 PLC。

（2）故障类型或现象：BAS 设备通信异常。

（3）故障影响程度与等级：站内部分或所有机电设备无法监控。

二、故障处理经过简介

（一）信息获得

某日某时，环调报故障站内机电设备都无法远程控制。

（二）先期故障判断及准备内容

（1）某日某时，环调报生产调度站内机电设备无法进行远程控制。

（2）BAS 维护员做出初步判断，有可能为：综合监控设备房 BAS 系统总空开跳闸，BAS 与综合监控相连网卡软件故障，与智能低压接口网关失电或损坏，与智能低压相连的网关程序问题，与机电设备相连的通信模块故障等。

（3）需准备专用的笔记本电脑，对应站，机柜 PLC 程序，数据线，准备到达现场后连接 PLC 查找通信失效的根本原因。

（三）故障现象确认及初步诊断

到达现场后，打开对应的机柜，首先到达主端 PLC 查看 PLC 是否失电。用笔记本电脑连接查看与综合监控相连的网卡软件是否故障。查看与低压专业及其他专业相连的通信设备是否存在异常。

（四）故障实际查找过程及确认

经 BAS 维护员确认为是与低压相连的网关异常引起的，主端的风机风阀无法控制。

（五）故障排除方法及结果

（1）首先检查此机柜主端 PLC 柜是否失电。

（2）用专用笔记本电脑与主端 PLC 相连，判断 PLC 通信是否有异常。

（3）经过判断为 BAS 与智能低压的通信有异常，打开环控电控柜，发现网关的通信指示灯闪红。用专用笔记本电脑连接网关，发现程序正常。测试 PLC 与网关相连的 485 线缆，判断为线缆不良引起的通信异常。

（4）重新制作线缆水晶头，并进行测试，连接后，通信恢复正常，设备可控。

三、原因分析

（一）故障产生的直接原因与逻辑分析

由于接口通信异常导致 BAS 网络通信失效。

（二）故障直接原因产生因素分析

由于 PLC 与接口之间的线缆不良引起 BAS 网络通信失效。

四、案例处理优化分析

（一）案例处理的优化解决方案

工作人员针对此次故障的现场处置较为稳妥。

（二）故障正确处理的方式方法及关键步骤

（1）处理人员到达现场后，在车控室向站务请点，经站务和环调同意后进行问题排查。

（2）打开机柜，用"五感"法检查故障发生的原因，先排除硬件故障。

（3）用专用笔记本连接 PLC 进行故障原因查找，查找 PLC 发生故障的根本原因。

（4）当故障锁定为 BAS 与智能低压的通信有异常，打开环控电控柜，发现网关的通信指示灯闪红。用专用笔记本电脑连接网关，发现程序正常。测试 PLC 与网关相连的 485 线缆，判断为由线缆不良引起的通信异常。

五、专家提示

（1）故障处理前，一定要做好充足的准备工作，电脑必须带，程序必须匹配。

（2）故障处理时，一定要和站务和环调做好充分的沟通工作，经许可后，才能查看。

（3）如果为硬件故障，或经排查发现由软件原因引起的 BAS 网络通信失效。应做到先通后复，先保证功能具备，等收车后继续查找 BAS 网络通信失效引起的根本原因，原因明确后进行举一反三，确保全线 BAS 网络通信的可靠、稳定，存在隐患时应排计划平推整改。

六、预防措施

平时日检，周检要到位，发现问题立即上报处理，半年检时的维护一定要到位。

七、思考题

（1）列举有多少种情况会引起 BAS 网络通信失效。

（2）简述 BAS 通信失效判断和对应的处理方法。

案例三　BAS 监控设备无法监控

一、故障概况

（1）设备名称或型号：BAS 监控设备。

（2）故障类型或现象：无法监控。

（3）故障影响程度与等级：运营时间车站风、水、电设备无法监控，影响客运服务。

二、故障处理经过简介

（一）信息获得

某日某时，福庆北站行车值班员向环控调度员报综合监控界面上风机和风阀都无法监控，BAS 监控的空调通风大系统、小系统画面显示蓝色。

（二）先期故障判断及准备内容

（1）某日某时，福庆北站行车值班员操作空调小系统风阀 DT-（PF-A1）-X1 的开度控制，发现无法下发命令，再操作其他风机和风阀，也无法进行远控，行车值班员向环控调度员报告此问题。

（2）环控调度员联系 BAS 工班人员和环控工班人员，去现场查看 BAS 专业设备和环控通风设备的运行状况。

（三）故障现象确认及初步诊断

环控工班人员到环控机房查看风机和风阀都运行正常，BAS 工班人员到车控室查看工作站，发现 BAS 监控的空调通风大系统、小系统画面，冷水画面，给排水监控画面，扶梯、电梯画面都显示蓝色通信中断，再到通风空调电控室查看 PLC 运行状态，发现主端 2 台 PLC 控制器上的 1756-ENBT 的 LED 屏上显示"DISQ"。

（四）故障实际查找过程及确认

该站 BAS 系统与综合监控系统通信中断导致了 BAS 监控的相关设备无法被远控。

（五）故障排除方法及结果

（1）初步怀疑是由于连接网线出现松动现象导致了 PLC 控制器与综合监控通信问题。

（2）首先检查外围连线，检查连接 ENBT 的网线是否松动，发现未松动，重新插拔一下，问题还是存在。

（3）考虑换备用网线，柜内更换为备用网线，故障还是存在。确认原先的网线没有问题。

（4）到车控室 ISCS 工作站上查看 BAS 网络通信事件，发现与 BAS 通信的 FEP-A、FEP-B 的子程序链路一直在来回切换。

（5）联系综合监控专业人员对其 FEP 进行查看检查，ISCS 专业先后重启 FEP-A、FEP-B，发现 BAS 与综合监控恢复通信。

（6）因此，此次 PLC 冗余失效是由于综合监控交换机出现故障，导致 PLC 控制器 169 网段与 ISCS 的 B 网交换机通信中断，以至于 PLC 冗余功能失效。

三、原因分析

因此，此次 BAS 监控设备无法控是由于综合监控 FEP 子程序链路故障，导致 PLC 控制器 168 和 169 网段与 ISCS 通信中断。

四、案例处理优化分析

（一）案例处理的优化解决方案

工作人员针对此次故障的现场处置较为稳妥。

（二）故障正确处理的方式方法及关键步骤

（1）BAS 工班人员到车控室发现 BAS 系统画面都显示蓝色通信中断，到 PLC 柜查看 PLC 控制器，发现与综合监控通信的以太网模块未连上，从而判断是综合监控通信故障，再联系综合监控专业人员查出问题所在。

（2）环控工班人员及时到就地查看风机和风阀是否运行正常，确认站里空调通风设备正常运行，不影响客运服务。

五、专家提示

行车值班员应注意对 ISCS 画面各专业设备的查看，发现出现大面积的设备通信中断后及时报告环控调度，联系各相关专业人员。

六、预防措施

加强网管和现场巡检。

七、思考题

造成 BAS 通信中断的原因可能有哪些？

案例四　PLC 模块故障

一、故障概况

（1）设备名称或型号：PLC 模块。
（2）故障类型或现象：设备故障。
（3）故障影响程度与等级：PLC 控制器瘫痪，影响 BAS 子专业设备监控。

二、故障处理经过简介

（一）信息获得

某日某时，BAS 人员在车辆段维修网管室网管巡检，发现盛莫路站 BAS 网管画面显示 KA1 柜 PLC 状态图闪红报警。

（二）先期故障判断及准备内容

（1）某日某时，BAS 人员在车辆段维修网管室网管巡检，发现盛莫路站 BAS 网管画面显示 KA1

柜 PLC 状态图闪红报警，并在事件中通过查看得知 KA1 这台 PLC 报失电故障。

（2）该巡检人员立即联系在站里的 BAS 抢修人员，抢修人员带好工器具到达通风空调电控室，发现 KA1 柜内 PLC 已断电。

（三）故障现象确认及初步诊断

BAS 抢修人员到达现场，发现 KA1 柜内 PLC 已断电，另外一台 PLC 处于运行状态，由此判断为单台 PLC 控制器故障，用万用表量取 PLC 进线电压，发现 220 V 正常供电。再尝试对 PLC 电源模块送电，发现推不上，考虑为 PLC 电源模块的故障。拿到备件更换后，送电，PLC 控制器恢复供电，正常运行。

（四）故障实际查找过程及确认

该站 KA1 柜内 PLC 电源模块故障，导致该套 PLC 控制器失电。

（五）故障排除方法及结果

（1）在网管室巡检发现该台 PLC 控制器报警，第一时间联系抢修人员去现场查看。
（2）抢修人员到达现场，发现 KA1 柜内 PLC 掉电，有可能是 PLC 各个模块故障导致的。
（3）量取进线电压，发现正常，再查看 PLC 电源模块，发现其故障。

三、原因分析

因此，此次 BAS 的 PLC 控制器报警，是由该控制器电源模块故障引起的。

四、案例处理优化分析

（一）案例处理的优化解决方案

工作人员针对此次故障的现场处置较为稳妥。

（二）故障正确处理的方式方法及关键步骤

（1）BAS 人员在车辆段维修网管室网管巡检，发现盛莫路站 BAS 网管画面显示 KA1 柜 PLC 状态图闪红报警，第一时间联系抢修人员去查看。
（2）抢修人员以最快速判断出故障点，并对故障设备进行及时更换。

五、专家提示

网管巡检人员需加强对 BAS 的网络状态巡检。

六、预防措施

加强网管和现场巡检。

七、思考题

（1）造成 PLC 的电源模块烧坏的原因有哪些？
（2）PLC 处理器模块损坏，更换新模块，还需要做什么配置？

模块训练

 任务训练单

班级：　　　　　　　姓名：　　　　　　　训练时间：

任务训练单	BAS 检修相关作业
任务目标	掌握 BAS 系统的设备构成，BAS 系统设备的工作原理，能在 ISCS 工作站上操作 BAS 监控设备，并能够进行简单的日常维护及常见故障的处理。 （1）掌握 BAS 系统的设备构成。 （2）了解 BAS 系统设备的工作原理。 （3）了解 BAS 设备操作内容。 （4）掌握 BAS 系统的网络构成。 （5）掌握 BAS 专业的维护作业内容与标准
任务训练	请从下列任务中选择其中的两个进行训练：地下站 BAS 构成讲解、高架站 BAS 构成讲解、停车场 BAS 构成讲解、基地 BAS 构成讲解、BAS 与子专业接口介绍、BAS 设备操作、PLC 冗余测试、更换 PLC 电池保养、PLC 程序上载、下载、二通阀检修、传感器检修、UPS 检修、双电源切换箱检修

任务训练一：
（说明：总结作业流程，并在实训室进行实操训练或者上机在模拟软件上完成实操训练）

任务训练二：
（说明：总结作业流程，并在实训室进行实操训练或者上机在模拟软件上完成实操训练）

任务训练的其他说明或建议：

指导老师评语：

任务完成人签字：　　　　　　　　日期：　　年　　月　　日

指导老师签字：　　　　　　　　日期：　　年　　月　　日

模块小结

　　本模块讲述了 BAS 设备构成、BAS 检修作业的操作要求及流程。要掌握这些作业，首先要掌握 BAS 系统的结构、功能等。BAS 设备包括 PLC 控制器、远程 I/O 模块、二通阀、温湿度传感器、区间设备、UPS、双电源切换箱。

　　同时，本模块介绍了 BAS 系统的日常维护和常见故障。

模块自测

一、填空题

1. BAS 中文简称为（　　　　　　　　）。

2. IBP 盘中的环控模式平时巡检时可按下（　　　　　　　　）。

3. BAS 通过（　　　　　　）方式与综合监控系统进行系统连接。

4. BAS 与电扶梯的接口类型为（　　　　　　　　）。

5. 为了使 BAS 与 ISCS 两个网络互不干扰，在交换机上划分了 <u>VLAN</u>，实现网络的隔离功能。

6. BAS 与 FAS 的接口类型为（　　　　　　）。

7. BAS 通过（　　　　　　）方式与综合监控系统进行系统连接。

8. 轨道交通综合监控系统中，BAS 系统的控制方式有三种，分别为单点控制、（　　　　　　）、时间表控制。

9. 轨道交通综合监控系统中 BAS 系统的控制方式有三种，分别为（　　　　　　）、模式控制、时间表控制。

10. 考虑到一般思维的顺序和易记性，对综合监控系统的子网 IP 做以下的规划：IP 地址第 1 字节表示系统，IP 地址第 2 字节表示 AB 网，IP 地址第 3 字节表示（　　　　　　），IP 地址第 4 字节表示（　　　　　　）。

二、简答题

1. 请简述 BAS 监控的系统有哪些。

2. 请简述 BAS 车站级的主要设备由哪些构成。

3. 请简述从设备到 OCC 的控制权限有几个，分别是哪些？

4. 宁波轨道交通一号线 1 期远程 I\O 箱内部的配置一般有哪些？

5. 火灾工况下，BAS 与 FAS 的通信是如何实现的？

6. 环境与设备监控子系统按照线路的运行模式一般可分为几种？

模块三　FAS 系统操作、维护与故障案例

案例导学

　　假如你刚从学校毕业来宁波地铁上班，分配的岗位是 FAS&BAS 维护员。在即将到来的工作中将面对 FAS 系统，关于它的操作与维护，具体需要完成哪些工作呢？以上的问题可以通过本模块的学习得到解决。

学习目标

　　（1）FAS 系统的组成及功能。
　　（2）掌握 FAS 系统的日常维护内容。
　　（3）了解 FAS 系统日常维护的注意事项。
　　（4）掌握 FAS 系统的操作。
　　（5）掌握 FAS 系统的日常检修维护相关知识。
　　（6）掌握 FAS 专业设备故障处理方法。

技能目标

　　（1）能够准确说出 FAS 系统设备的分布及组成。
　　（2）能够准确无误的通过 FAS 主机面板进行复位、查询、确认、人工联动等操作及维护。
　　（3）FAS 系统的日常维护中，能够处理常见的故障。
　　（4）能够通过 FAS 系统联动相关的机电设备。
　　（5）能够对火灾联动后的外围设备状态进行确认。
　　（6）能够完成 FAS 系统设备的检修工作。

任务一　FAS 设备操作及维护

 相关知识

　　火灾自动报警（FAS）系统：Fire Alarm System，由触发器件、火灾警报装置以及具有其他辅助功能的装置组成的火灾报警系统。

　　全线 FAS 按中央、车站两级调度管理，中央、车站、就地三级监控的方式设置，综合监控系统在控制中心设置环调工作站，完成 FAS 中央级功能。监视全线火灾自动报警系统及重要消防设备的状态，接收全线各车站、车辆段、停车场、主变电站的火灾报警信号并显示报警部位。火灾时，工作站显示屏能自动弹出火灾报警区域的平面图并显示火灾报警信息框。

一、FAS 系统设备组成、分布及功能

车站控制室包含 FAS 主机、图形工作站、气灭主机、消防电话主机及蓄电池、隧道温度探测（DTS）系统；非气灭设备房、区间联络通道、站厅、站台、设备区及走廊包含烟温感探测器、感温电缆探测器、警铃、手报、FAS 模块箱输入输出模块、壁挂电话与插孔电话、区间感温光纤。

（一）车　站

FAS 在各车控室及其他各建筑消防控制室设置 FACP，其主要功能有：

（1）接受辖区 FAS 现场设备、气体灭火系统发来的火灾报警信息，发出声光报警，以自动和人工两种方式确认火灾，自动与人工的切换可通过 FACP 面板旋钮方式实现。FACP 生成火灾模式指令并向 BAS 发出火灾模式指令，并向车站级综合监控系统发送火灾信息。FACP 及专用工作站应能实时显示及查询火灾模式指令信息。

（2）实现对相关消防设备的自动控制，在车站包括但不限于以下设备：警铃、消防水泵、防火卷帘、区间消防给水蝶阀、门禁、AFC 闸机、非消防电源等；在车辆段/停车场包括但不限于以下设备：警铃、消防水泵、防火卷帘、专用排烟风机、非消防电源、消防广播等。

（3）接收并转发 FAS 现场设备及消防水泵、区间消防给水蝶阀、防火阀、防烟防火阀、气体灭火系统控制盘的状态、实现故障报警。

典型车站的 FAS 系统示意图，如图 3.1 所示。

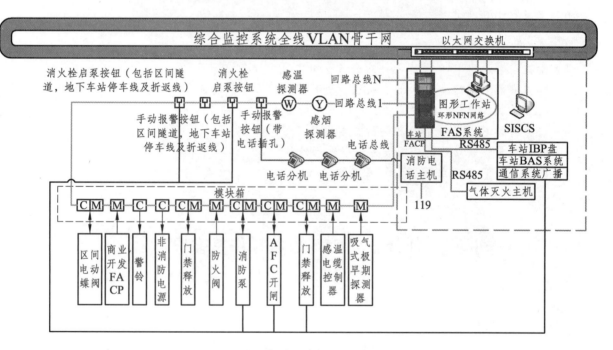

图 3.1　典型车站的 FAS 系统示意图

（二）车辆段

车辆段火灾自动报警系统共设一面集中报警控制盘，三面区域报警控制盘，四面消防联动控制盘，并设置一台气灭主机，各类火灾报警探测器、手动报警按钮、消火栓启泵按钮、电话插孔、防灾电话、各种功能模块等设备构成车站级火灾自动报警系统。各区域报警控制盘与集中报警控制盘首尾相连，组成车辆段火灾自动报警系统。车辆段火灾报警系统通过集中报警控制盘接入车辆段综合监控系统，

实现在综合监控系统中的集成。

车辆段火灾报警控制盘设置在车辆段办公区域的消防控制室内，在重要库房或办公区域设区域报警控制盘，实现这部分重要库房及办公区域的火灾探测及报警。各区域报警控制盘共同组成车辆段火灾自动报警系统。车辆段的火灾自动报警系统接入车辆段综合监控系统。

集中报警控制盘：该盘设于综合楼消防控制室，考虑与车辆段 DCC 合建，负责本楼的火灾报警。

区域报警控制盘1：该盘设于维修中心大楼消防设备室，负责维修中心的火灾报警。

区域报警控制盘2：该盘设于停车列检库，负责停车列检库、洗车镟轮库等建筑的火灾报警。

区域报警控制盘3：该盘设于联合检修库消防设备室，负责联合检修库、物资仓库、工程车库等建筑的火灾报警。

车辆段火灾探测、报警与消防联动控制由 FAS 完成，FAS 实现火灾探测及报警功能，并实现警铃、防排烟风机、消防水泵、非消防电源、电梯、消防广播等设备的联动控制。通过集中报警控制盘接入车辆段综合监控系统，实现在综合监控系统中的集成。

车辆段不设 IBP 盘，由 FAS 设置消防联动控制盘，以硬线方式实现对消防水泵以及车辆段的消防专用设备等的监控，实现火灾模式命令的硬线方式发送，提高对重要消防设备进行监控的可靠性。车辆段的 FAS 系统示意图，如图 3.2 所示。

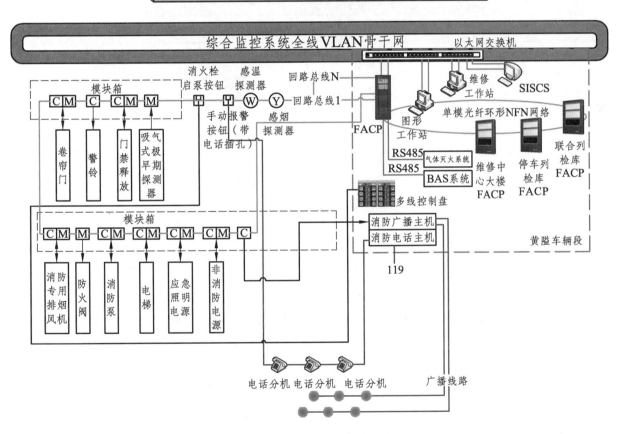

图 3.2　车辆段的 FAS 系统示意图

（三）停车场

停车场火灾自动报警系统共设一面集中报警控制盘，一面区域报警控制盘，一面消防联动控制盘，并设置一台气灭主机，各类火灾报警探测器、手动报警按钮、消火栓启泵按钮、电话插孔、防灾电话、各种功能模块等设备构成车站级火灾自动报警系统。区域报警控制盘与集中报警控制盘相连，组成停车场火灾自动报警系统。停车场火灾报警系统通过集中报警控制盘接入停车场综合监控系统，实现在综合监控系统中的集成。

停车场火灾报警控制盘设置在停车场办公区域的消防控制室内，在重要库房或办公区域设区域报警控制盘，实现这部分重要库房及办公区域的火灾探测及报警。各区域报警控制盘共同组成停车场火灾自动报警系统。停车场的火灾自动报警系统接入停车场综合监控系统。

集中报警控制盘：该盘设于综合楼消防控制室，负责综合楼、停车库、洗车机库等建筑的火灾报警。

区域报警控制盘：该盘设于牵引降压混合变电所消防设备室内，负责本建筑的火灾报警。

停车场火灾探测及报警与消防联动控制由 FAS 完成，FAS 实现火灾探测及报警功能，并实现对警铃、防排烟风机、非消防电源、消防水泵、电梯、消防广播等设备的联动控制。通过集中报警控制盘接入停车场综合监控系统，实现在综合监控系统中的集成。

停车场不设 IBP 盘，由 FAS 设置消防联动控制盘，以硬线方式实现对消防水泵以及停车场的消防专用设备等的监控，实现火灾模式命令的硬线方式发送，提高对重要消防设备进行监控的可靠性。

停车场的 FAS 系统示意图，如图 3.3 所示。

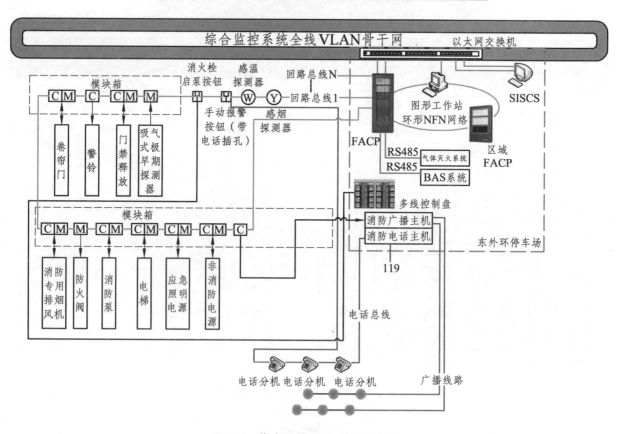

图 3.3　停车场的 FAS 系统示意图

（四）主变电站

主变电站单独设一套站级火灾自动报警系统，主变电站的火灾报警控制盘分别为区域报警控制盘，并接入相应的车站综合监控系统，实现在综合监控系统的集成，由相应的车站负责监控管理。

二、FAS 火警确认★

（一）自动确认

在车站、车辆段、停车场的同一个探测区域，如果有两个探测器（烟感或温感）同时报警（含气体灭火控制盘发出的确认报警信号）或有一个感烟探测器或感温探测器报警，同时又有一个手动报警按钮或消火栓启泵按钮报警，则为自动确认报警，FAS 自动发送火灾模式指令至 BAS，FAS 自动启动消防联动模式。

（二）人工确认

当只有一个探测器或手动报警按钮报警时，系统只向车控室发出火灾预警信号，需要人工对火灾预警信号进行确认。在人工确认为火灾时，由人工选择相应的火灾模式，向 BAS 发出火灾模式指令。

人工确认的方式有：人员现场确认和通过闭路电视确认。在区间隧道除自动、手动报警火灾外，还可通过消防插孔电话、轨旁电话或车载电话向值班人员报警。

在系统确认为火灾模式时（自动确认和人工确认），FAS 自动联动相应消防设备，包括消防水泵、消防防火卷帘门、车辆段/停车场的专用排烟风机等。

 任务实施

一、FAS 系统日常相关设备操作

（一）FAS 主机相关基本操作

操作界面如图 3.4 所示。

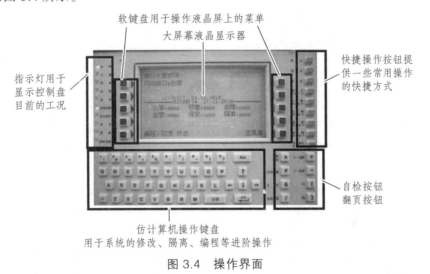

软键盘用于操作液晶屏上的菜单
大屏幕液晶显示器
快捷操作按钮提供一些常用操作的快捷方式
指示灯用于显示控制盘目前的工况
自检按钮
翻页按钮
仿计算机操作键盘
用于系统的修改、隔离、编程等进阶操作

图 3.4　操作界面

1. 系统复位操作

按下这个键，可以清除所有被锁定的火警和其他一些事件，同时关掉 LED 灯。系统复位之后，如果火警或非正常事件存在，将再次启动系统音响，LED 灯重新点亮。未确认事件不能阻止复位。禁止消音定时器正在运行时，系统复位键将不起作用。系统复位键不能立即对动作的输出设备消音。如果系统复位后，输出设备的事件控制编程条件不满足了，这些输出将会取消。

2. 确认操作

当控制器检测到一个非正常事件时，信息显示在屏幕上，其中一个软键在屏幕上显示出"确认"字样。用这个键去响应新的火警或故障信号。当按此键时，控制器将完成以下功能：如果允许消音，对音响器消音；事件存储到历史记录存储器里。

有两种确认类型：点和块。点确认功能用于火警确认，当确认软键按下时，火警事件被确认，一次确认一个火警；块确认功能用于其他类型的非正常事件，按一下确认软键，所有事件都被确认。

3. 面板 LED 灯状态功能

具体如表格 3.1 所示。

表 3.1　面板 LED 灯状态功能

LED 指示灯	颜色	功　能
电源	绿色	灯亮表明交流电源供电正常
火警	红色	当至少有一个火警存在时灯亮，如果其中有一些火警未确认，它将不停地闪烁
预警	红色	当至少有一个预警存在时灯亮，如果其中有一些预警未确认，它将不停地闪烁
安全	兰色	当至少有一个安全报警存在时灯亮，如果其中有一些安全报警未确认，它将不停地闪烁
监控	黄色	当至少有一个监控事件存在时灯亮，如果其中有一些监控事件未确认，它将不停地闪烁
系统故障	黄色	当至少有一个故障存在时灯亮，如果其中有一些故障未确认，它将不停地闪烁
其它事件	黄色	除以上列出的事件以外，还有事件存在时，如果事件未确认，它将不停地闪烁
信号消音	黄色	如果 NFS-3030 的告警设备已经消音了，灯亮。如果仅一些、并非所有的告警器消音，灯将不停地闪烁
点屏蔽	黄色	当至少有一个设备被屏蔽时，灯亮，它一直闪烁直到所有的屏蔽点被确认
CPU 故障	黄色	当硬件或者软件工作状态非正常，影响到系统时灯亮。当 LED 灯亮或者闪烁时，控制器不能正常工作

4. 信息查看

当系统有故障发生时，在控制器的 LCD 显示屏的顶部显示出该故障信息和软键的功能描述，通过该软键能够对这个事件进行处理。顶部四行显示出事件信息，第一行显示故障、是否确认和清除，第二行显示故障类型，第三行显示用户信息，第四行显示事件发生的时间、日期。系统接地故障的显示画面，如图 3.5 所示。

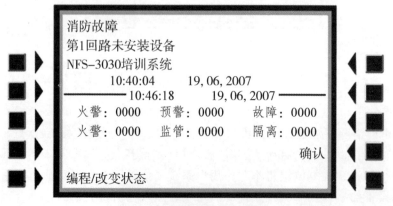

图 3.5　接地故障显示画面

事件记数显示重要事件发生的次数。第五行的数字是当前时间。软键可以操作这些事件（它们的功能在本手册的操作章节有叙述）。第六行和第七行显示 6 类非正常事件的当前记数值。这个数值包含已确认事件数和未确认事件数。

（二）FAS 图形工作站的基本操作

1. 界面介绍（见图 3.6）

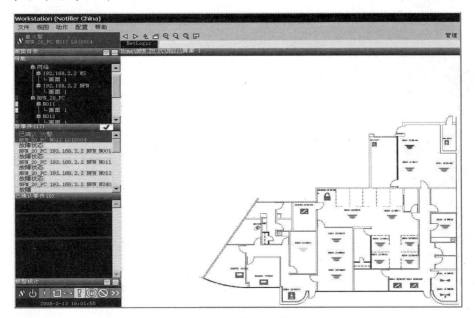

图 3.6　图形工作站界面

图形显示软件状态系统状态符号示意，见表 3.2。

表 3.2　图形显示软件状态系统状态符号示意

火警状态符号		预警状态符号	
安全状态符号		监管状态符号	
故障状态符号		警告符号	
屏蔽符号		其他符号	

当火灾消除时，火灾状态下被填充为红色的图符能自动恢复为正常状态下的绿色，并将恢复事件的信息记录在 ONYXWorks™历史记录中。当火灾情况处理完毕后，能够通过鼠标操作直接复位报警设备。

2. 数据查询操作

图 3.7 中显示的的是 ONYXWorks™图文工作站的历史数据管理器，管理器中显示的是在本图文终端监控节点所发生的所有事件，针对这些事件管理方可根据实际需求编辑显示的事件类型。针对历史数据的管理显示信息的条目数显示可根据用户的需求进行选择性地增加或减少，如图 3.8 所示。

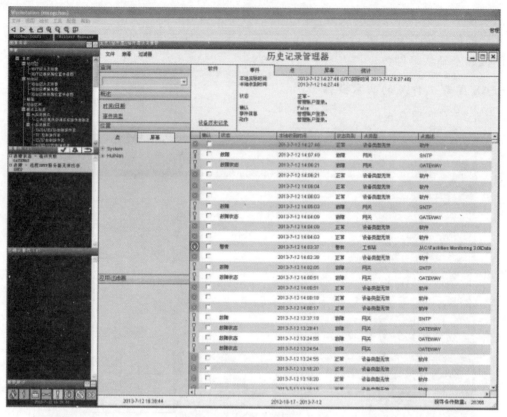

图 3.7　历史记录备份操作

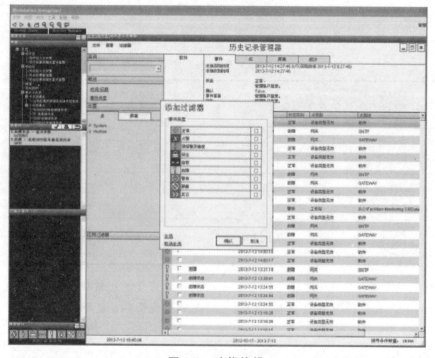

图 3.8　功能编辑

　　用户还可利用数据管理器中强大的数据筛选功能，自定义筛选条件，用以显示记录中的信息类型，用户可自定义的筛选条件为：时间、网络别名、节点别名、点别名、点类型、状态描述、点描述、事件描述、动作描述。其中每一项均有下拉列表供管理方选择，如图 3.9 所示。

图 3.9　数据筛选

　　图3.10中描述了针对ONYXWorks™图文工作站的数据管理器中提供的筛选条件，管理方可根据需求将事件过滤为用户需要显示和打印的事件。

（三）消防电话的操作

1. 面板按钮介绍

消防电话主机前面板和后面板按钮及接线说明，如图3.10和图3.11所示。

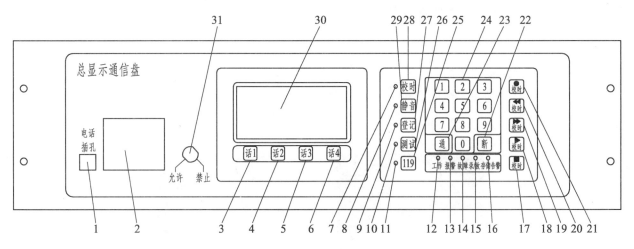

图 3.10　前面板按钮说明

1—电话插孔；2—电话手柄；3—话1键；4—话2键；5—话3键；6—话4键；7—校时灯；
8—静音灯；9—登记灯；10—测试灯；11—119灯；12—工作灯；13—报警灯；
14—故障灯；15—录放灯；16—存储告警灯；17—停止键；18—放音键；
19—快进键；20—快退键；21—录音键；22—切断键；
23—接通键；24—数字键

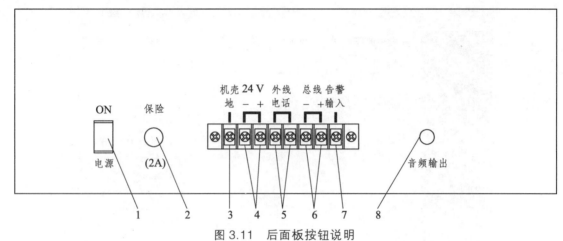

图 3.11　后面板按钮说明

1—电源开关；2—2A 保险座；3—机壳地；4—24V；5—外线电话；
6—总线；7—告警输入；8—音频输出

2. 电话主机设置

主机设置操作分为三个权限级别，在进行有操作权限要求的设置时必须输入相应级别以上的密码进行权限确认。校时操作权限为一级，等级和录音清除操作权限为二级；查看、修改一、二级密码操作权限为三级；级别高的密码能向下兼容级别低的密码，一级密码为 1111；二级密码为 2222；三级调试密码 3295。

3. 系统操作

总机呼叫分机。在待机监控状态，按数字键，输入分机号，被呼叫分机振铃，主机手柄听到回铃音，呼叫时间被记录。

分机呼叫总机。分机摘机后听到回铃音，主机显示该分机号及报警标志，报警喇叭鸣响，呼叫时间被记录保存。

二、FAS 系统常见故障处理及维护★

（一）探测器

1. 发现烟感故障或报火警（火警无法复位）时，经现场确认未误报火警，可先将其隔离。

2. 更换烟感探测器时，确认 FAS 主机无火警信息，主机在手动状态，人工确认按钮指示灯灭。更换时，先隔离故障设备，更换完成后再恢复该设备。实物如图 3.12 所示。

图 3.12　探测器

（二）消火栓按钮

（1）消火栓按钮报故障（故障无法复位），应先将该按钮和消火泵启动模块隔离，再进行更换。

（2）当消火栓按钮报火警时，应先将其复位，如能复位火警，再启动消防泵停泵模块，待消防泵运行反馈消失后，再恢复该模块。

（3）如不能复位火警，应先将该火警隔离，再启动消防泵停泵模块，待消防泵运行反馈消失后。进行下一步更换作业，更换完成后，将该按钮恢复。

（三）输入输出模块

（1）输入模块发生故障时，先复位，如复位无效，则将其屏蔽。

（2）若为开路故障，则在收车后请点对其电阻进行更换或者紧固。

（3）若要更换模块处理时，更换完成后再将其释放，如图3.13与图3.14所示。

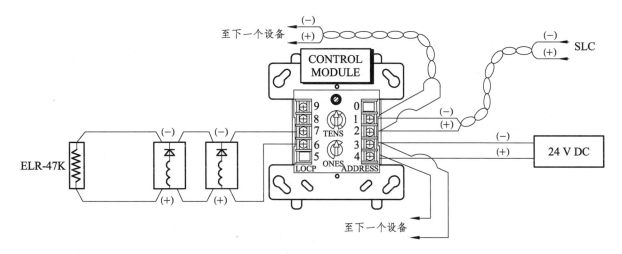

图3.13　输出模块接线

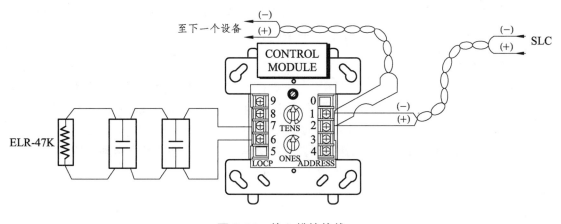

图3.14　输入模块接线

（四）消防电源

（1）消防电源报主电故障，需确认双电源切换箱对应的220 V是否有电。

（2）消防电源报备电故障，需确认是电源本体问题还是蓄电池问题。

（五）电源模块

主电模块型号为AMPS-24E，为可编址的供电电源，在信号回路上占用四个模块地址，具有备电充电器并能向外部提供两路24VDC输出和一路5VDC输出，输出的最大电流为4.5 A，可选择最大200AH的充电电池。主机报主电故障，需确认220 V是否有电。若220 V有电，报备电故障，需确认是电源本体问题还是蓄电池问题，如图3.15所示。

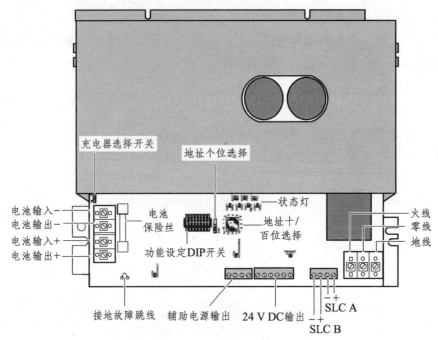

图 3.15　电源模块接线

（六）消防电话分机

电话分机报分机故障，若在站内则可更换；若在区间则请周计划处理。

（七）极早吸气式探测器

（1）若主机收到吸气式探测器故障无法复位时，在主机上屏蔽该故障，晚上收车后再行排查。

（2）若主机收到预警、火警信息时，确认为未误报警后，先对火警信息进行隔离。待晚上收车后进行排查，待就地吸气式探测器火警消失后，再释放被隔离的火警点。

（八）FAS 主机程序维护★

（1）检查并核对软件维护申请单，若不完整，则停止厂家程序维护作业。

（2）请完点并征得环调同意后开始作业。维护程序前，做好 24 V 电源的切除工作，防止主机意外联动。

（3）软件更新完成后，查看主机工作是否正常，确认无火警信息，且手自动按钮和人工确认按钮正常后，再将消防电源 24 V 恢复。待故障消失后，方可结束作业。

三、FAS 系统的日常检修★

（一）检查 FAS 主机盘、机柜工作环境

1. 巡　检

主机盘外观完好，表面干净，无灰尘。

主机界面工作正常，外围设备工作状态应正常，系统网络工作正常，手自动转换正常，其余开关按钮指示灯显示正常。

检查火警、联动、其他、屏蔽 4 项内容有无新增信息条目。机柜外观是否完好，表面是否干净，有无灰尘。

指示灯显示正常。主机时间与 ISCS 工作站时间一致。

2. 保 养

检查主机内部接线情况，紧固回路接线、内部板卡连线，与 BAS、ISCS、气灭接口通信线接线连接紧固，不松动。

（二）图形工作站

1. 巡 检

软件运行正常。

报警信息与主机同步。

鼠标、键盘完好，表面干净，无灰尘。

时间与 FAS 主机时间一致。

确认、复位等功能正常。

2. 保 养

软件运行正常，无死机。

用移动硬盘备份图形工作站历史数据。

接线连接紧固，不松动。

（三）车控室双电源切换配电箱

1. 巡 检

双电配电箱外观整洁，箱内无进水、漏水痕迹。

双电源控制工作状态正常，指示灯显示正常，无故障指示。

查看配电箱各空开是否处于正确分合位置，有无跳闸。

2. 保 养

打扫双电源切换箱卫生，双电配电箱外观内部应整洁，柜内无杂物，箱内无进水、漏水痕迹。

检查各线缆是否完好，表皮有无破损，有无发热老化痕迹。

紧固各线缆、端子，确保无松动、无脱落。

输入线电压：360 VAC—440 VAC。

输出相电压：200 VAC—240 VAC。

（四）探测器检修及保养

目测外观清洁，无灰尘；安装应牢固，不松动。

对探测器进行模拟报警试验，探测器在火警时指示灯红色常亮，报警显示正常。

确认控制主机、图形工作站、ISCS 正确接收探测器报警信号。

申请立项，送有相关资质的单位清洗，并配合清洗和验收测试。

（五）消防电话检修及保养

外观干净，无破损，安装牢固，指示灯、蜂鸣器及听筒正常，主机界面无故障信息，在线设备显示数量与管辖区域实际设备数量相符。

外观干净，无破损，安装牢固，无积水现象。

清洁电话插孔外表，设备接线牢固，无松动无脱落。

插孔电话地址在电话主机上显示正确，通话应正常清晰。

（六）FAS 火灾联动情况

1. FAS 消防联动控制

（1）负责火灾灾情监测。

（2）在确认火灾后向 ISCS、BAS 发送火灾模式指令。同时联动由 FAS 监控的消防设备。

2. 消防联动控制对象

（1）防火卷帘。

（2）消防水泵及蝶阀。

（3）防火阀。

（4）闸机。

（5）门禁。

（6）非消防电源。

（7）应急照明。

3. 车站消防联动控制流程（见图 3.16 ）

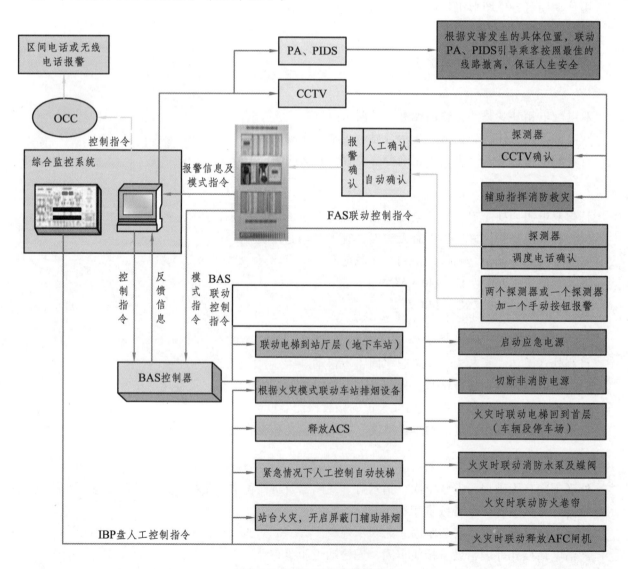

图 3.16　消防联动控制流程

4. 地下车站 FAS 联动监控对象一览（见图 3.17）

序号	接口系统/设备	火灾报警控制器		综合后备盘	
		监视	控制	监视	控制
1	防火卷帘	√	√		
2	防火阀	√			
3	气体灭火系统	√			
4	警铃		√		
5	消防水泵	√	√	√	√
6	区间消防电动蝶阀	√	√	√	√
7	非消防电源	√	√	√	√
8	AFC	√	√	√	√
9	EPS	√	√	√	√
10	门禁	√	√	√	√
11	消防电话主机	√			

图 3.17　动监控对象

5. FAS 站厅层消防联动的步骤

（1）火灾报警系统主机带电运行正常，火灾报警系统主机发送火灾报警信号。

（2）FAS 主机先在手动位用烟枪在站厅公共区启动两个烟感（其中一个烟感选择的位置在防烟分区与非防烟分区的交界处）报警，FAS 主机无模式下发，然后将 FAS 主机打为自动位，综合监控工作站人机界面显示相应区域的烟感报警。

（3）BAS 系统接收 FAS 火灾确认信号，通风空调专业查看相应防烟分区防排烟模式下各相应设备的工作状况。

（4）FAS 接收到 BAS 的反馈信号，同时综合监控也收到 FAS 确认信号，综合监控工作站人机界面显示相应区域的烟感报警。

（5）通信专业查看 PA、PIS 系统火灾联动情况（消防广播、疏散信息），BAS 系统接收 FAS 火灾报警确认信号。

（6）电扶梯专业查看垂梯是否停在疏散层并处于开门状态。并向 BAS 系统发送迫降完成的信息。电扶梯专业确认出入口扶梯是否处于断电状态。

（7）0.4 kV 开关柜收到火灾报警确认信号，AFC 系统收到火灾报警确认信号，ACS 系统收到火灾报警确认信号，EPS 系统收到火灾报警确认信号，防火卷帘门（所处防烟、防火区报警）收到 FAS 火灾确认信号 。

（8）火灾报警系统主机收到非消防电源切除、AFC 释放、ACS 释放、EPS 强启模块反馈信息，BAS 系统收到垂梯迫降完成信号。

四、注意事项

（1）火灾联动后，需各专业确认各自设备是否已经联动，复位后查看设备是否恢复正常。

（2）FAS 主机在正常运行时，打在手动状态，并确保 FAS 主机无火警。

（3）处理探测器故障时，特别是长径比较高的地方，需要登高证，且要做好防护，注意安全。

（4）处理消防电话、手报等故障时，避免造成其他线缆出现故障。

（5）进行 FAS 主机程序维护时，必须申请软件维护单、做好登记，方能处理。

 任务评价

根据以上学习内容，评价自己对本任务内容的掌握程度，在下表相应空格里打"√"。

评价内容	差	合格	良好	优秀
对 FAS 系统设备组成、功能、工作原理等的掌握程度				
对 FAS 站厅层消防火灾联动的掌握程度				
学习中存在的问题或感悟				

 任务二　FAS 系统故障案例

FAS 主机瘫痪应急处置方案

一、故障概况

（1）设备名称：FAS 主机。

（2）故障现象：FAS 主机瘫痪不能对 FAS 专业设备进行监控。

（3）故障影响与等级：C 类故障。

二、故障处理经过简介

（1）OCC 调度接到故障抢修通知后，应做好相关故障处理记录，并立即通知部门调度；部门调度通知 FAS 值班人员；抢修人员做好相关的抢修准备工作。

（2）FAS 值班人员立即联系部门调度，及时安排抢修车辆。

（3）抢修人员根据抢修通知，及时了解故障设备及现象，携带抢修工具和材料，立即出发。

（4）到达现场后，发现 FAS 主机瘫痪，无法对 FAS 专业设备进行监控。

（5）首先对工作站进行故障确认，若 FAS 主机面板上的主电源指示灯灭，液晶屏无显示，说明 FAS 主机主电源卡故障或者低压开关柜交流电源 220 V 无供电且蓄电池供电不足。

（6）若 FAS 主机面板上主电源指示灯灭，液晶屏有显示，说明 FAS 主机主电源卡故障或者低压开关柜交流电源 220 V 无供电，主机由蓄电池供电。

（7）若 FAS 主机 CPU 故障指示灯亮黄色，说明 FAS 主机的主控制器故障。

（8）最终判断为两路低压开关柜都无供电且蓄电池供电不足。

（9）联系供电中心对双电源切换箱的电源进行确认，通过开关柜将其恢复。

（10）FAS 维护人员将相应的蓄电池从库房取出进行更换。

（11）抢修工作结束后，及时清理材料、工具及现场，抢修人员撤离现场后，按作业标准化恢复正常工作。

（12）抢修相应设备后能投入运行，观察一段时间确定具备正常运营条件，方由现场负责人向部门调度汇报系统故障情况、原因及最终处理情况。

三、原因分析

（1）故障产生直接原因。

低压开关柜到 FAS 主机的 220 V 交流无供电且 FAS 主机蓄电池供电不足。

（2）故障直接原因产生因素分析。

（3）经过测量后发现 FAS 主机面板上主电源指示灯灭，液晶屏无显示，查看低压开关柜到 FAS 主机的 220 V 交流无电压，且用万用表测量后，FAS 主机蓄电池的电压小于 11 V，说明供电已经不足。

（4）由此可以判断供电开关柜处出现故障。

四、案例处理优化分析

（一）此类故障正确处理的关键步骤及方式方法

FAS 抢修小组人员到达现场后首先对工作站进行故障确认，若 FAS 主机面板上主电源指示灯灭，液晶屏无显示，说明 FAS 主机主电源卡故障或者低压开关柜交流电源 220 V 无供电且蓄电池供电不足；若 FAS 主机面板上主电源指示灯灭，液晶屏有显示，说明 FAS 主机主电源卡故障或者低压开关柜交流电源 220 V 无供电，主机由蓄电池供电；若 FAS 主机 CPU 故障指示灯亮黄色，说明 FAS 主机的主控制器故障。以上两种情况会导致气灭主机、图形工作站、综合监控各自界面出现与 FAS 主机通信故障的信息，中央级与车站级无法对 FAS 专业设备系统进行监控，重启后 FAS 主机还是处于原状态，OCC 还是无法对该车站 FAS 系统进行监控，确定为真实瘫痪。

（二）案例处理的优化解决方案

（1）若 FAS 主机面板上的主电源指示灯灭，液晶屏无显示，首先查看低压开关柜到 FAS 主机的 220 V 交流，是否两路低压开关柜都无供电，如果有电压输出，则说明接线电缆有问题，否则需要通知供电中心来维修低压开关柜。

（2）若 FAS 主机面板上主电源指示灯灭，液晶屏有显示，说明已经是由蓄电池供电了，首先查看低压开关柜到 FAS 主机的 220 V 交流，是否两路低压开关柜都无供电，如果有电压输出，则说明接线电缆有问题，无电压输出需要通知供电中心来维修低压开关柜；接着用万用表测量 FAS 主机柜开关电源板 24 V 是否有输出，如果有电压输出，则说明接线电缆有问题，无电压输出则表明开关电源板坏了，需要更换相应的配件。

（3）若 FAS 主机 CPU 故障指示灯亮黄色，首先用万用表测量开关电源板到 FAS 主机是否有电压 24 V，如果到主机有电压，重启 FAS 主机，重启后如果还是一样的状况，说明主机的主板坏了，需要更换配件，否则到主机无电压，再查看开关电源板与蓄电池是否正常，如果开关电源板与蓄电池都正常，说明接线电缆有问题，检查相应的电缆。

五、专家提示

（1）判断 FAS 主机 CPU 的状况。

（2）用万用表测量双电源切换箱进线的电压，用万用表 500 V 以上的档位。

（3）用万用表测量蓄电池的电压，用万用表直流电压 50 V 以上的档位。

（4）测量高压时，应带上绝缘手套进线测量，应注意安全，以防短路或者误碰电缆，造成人身安全。

六、预防措施

（1）为了防止 FAS 主机出现类似的故障，需加强对 FAS 系统的巡检，包括液晶屏、指示灯状态以及故障数量等。

（2）检修设备时应重点对双电源切换箱 1、2 回路的进线电压进行测量，及时发现问题，联系相关专业进行处理。

（3）加强对蓄电池的维护，以免出现电量不足等情况。

（4）检修时，应对 FAS 主机开关电源板进线清灰，测量电压，防止出现因电压过低造成 FAS 主机供电不足的情况。

七、讨论思考题

（1）车站内 FAS 主机出现报火警状态时，应如何处理？
（2）FAS 主机报备电故障时，应如何处理？
（3）FAS 图形工作站界面消失时，应如何处理？

模块训练

 任务训练单

班级：　　　　　　　　姓名：　　　　　　　　训练时间：

任务训练单	FAS联动相关作业
任务目标	掌握FAS作业流程，能够对FAS火灾联动正确地进行分析，知道应该联动哪些机电设备，并能够进行简单的日常维护及常见故障处理
任务训练	请从下列任务中选择其中的两个进行训练。 FAS站厅火灾联动、站台火灾联动、区间火灾联动、设备区火灾联动

任务训练一
（说明：总结作业流程，并通过模拟激活探测器或手报完成实操训练）

任务训练二
（说明：总结作业流程，并通过模拟激活探测器或手报完成实操训练）

任务训练的其他说明或建议：

指导老师评语：

任务完成人签字：　　　　　　　　　　　　日期：　　年　　月　　日

指导老师签字：　　　　　　　　　　　　日期：　　年　　月　　日

模块小结

　　本模块讲述了 FAS 系统的原理、操作要求及维护工作。要掌握这些作业，首先要掌握 FAS 系统的结构、功能等。FAS 系统由主机、现场探测器、控制模块、监视模块、隔离模块、警铃等组成，并介绍了 FAS 系统联动的知识。

　　同时，本模块介绍了 FAS 系统的日常维护和常见故障。模块中对于这些常见故障给出了相关的处理案例。

 模块自测

一、填空题

　　1. 火灾时车站 FAS 只负责火灾报警、控制专用消防设备、门禁释放、AFC 闸机的联动、消防切非、EPS 强启等。其它联动由（　　　　　）和（　　　　　）实现。

　　2. FAS 主机是由（　　　　　）、（　　　　　）、（　　　　　）、（　　　　　）、（　　　　　）等独立设备组成。

　　3. FAS 系统模块分为（　　　　　）、（　　　　　）和（　　　　　）。

　　4. 火灾时车站 FAS 系统联动（　　　　　）、（　　　　　）、（　　　　　）、（　　　　　）、（　　　　　）、（　　　　　）、（　　　　　）等设备。

　　5. FAS 系统联动涉及（　　　　　）、（　　　　　）、（　　　　　）、（　　　　　）、（　　　　　）、（　　　　　）等专业。

　　6. FAS 联动的条件，可分为（　　　　　）、（　　　　　）、（　　　　　）等。

　　7. FAS 系统设备分布在（　　　　　）、（　　　　　）、（　　　　　）、（　　　　　）等。

　　8. FAS 系统控制模块动作时电压输出（　　　　　）。

　　9. FAS 系统主机供电来自（　　　　　）。

　　10. FAS 系统与 ISCS 通信接口方式为（　　　　　）。

　　11. FAS 系统与气灭主机通信接口方式为（　　　　　）。

二、简答题

　　1. FAS 主机在自动状态下，站厅、站台公共区发生 FAS 火灾联动的条件是什么？开始火灾联动后会联动哪些设备？

　　2. FAS 主机在自动状态下，设备区发生 FAS 火灾联动的条件是什么？开始火灾联动后会联动哪些设备？

　　3. FAS 主机在自动状态下，气灭区发生火灾联动的条件是什么？开始火灾联动后会联动哪些设备？

　　4. FAS 主机在自动状态下，轨行区发生火灾联动的条件是什么？开始发生火灾联动后与公共区有哪些区别？

　　5. FAS 主机在自动状态下，2 号线一期鼓楼站发生火灾联动的条件是什么？开始火灾联动后与其它车站的区别是什么？

　　6. 简述 FAS 系统的联动条件？

　　7. FAS 联动测试现场需要查看的专业有哪些？

模块四　气灭系统操作、维护与故障案例

案例导学

假如你刚从学校毕业来宁波地铁上班，分配到的岗位是 FAS&BAS 维护员。在新的岗位里，你会逐渐了解到地铁消防的相关知识。并会有一些自己的问题，你会想到，一般火灾可以用灭火器或者水来进行灭火，铁站点中有很多重要的设备房间如果着火了，后果不堪设想，有没有一种自动灭火的系统来保护这些设备房间呢？这个就是气灭系统，那么对于它的操作、维护和故障处理，需要完成哪些工作呢？以上的问题将通过本模块的学习得到解决。

学习目标

（1）掌握气灭系统的结构和功能。
（2）掌握气灭系统的操作知识。
（3）掌握气灭系统的日常检修维护知识。
（4）掌握常见故障的处理方法。

技能目标

（1）能完成气灭主机信息的查看操作，以及对现场设备激活、屏蔽、恢复、释放和火警测试的操作。
（2）能完成现场设备的状态确认及更换操作。
（3）能完成 REL 就地控制箱的操作。
（4）能操作气灭管路的安全拆除工作。
（5）能对气灭系统的常见故障进行处理。

任务一　气灭设备操作及维护

 相关知识

为保证轨道交通工程的正常运营和主要电气设备安全，尽可能减少火灾发生后的经济损失及恢复轨道交通的正常运营，轨道交通的重要电子电气设备用房通过全淹没组合分配系统 IG541 混合惰性气体灭火系统进行保护。系统由存储输送灭火介质的管网子系统和探测报警的控制子系统组成。平时由本系统独立的控制子系统来监视各防护区的状态，在发生火灾时能自动报警，并按预先设定的程序启动管网子系统，达到扑救防护区火灾的目的。

一、气灭系统构成

气灭系统构成包括控制部分和管网部分。控制部分采用美国爱德华系统技术公司 EST3 系列产品。

灭火部分采用烟烙尽（IG-541）和七氟丙烷（HF-227）气体灭火剂作为灭火介质，车站采用 IG-541，组合分配式，全淹没灭火系统，区间射流风机房采用 HF-227，独立分配式，如图 4-1 所示。

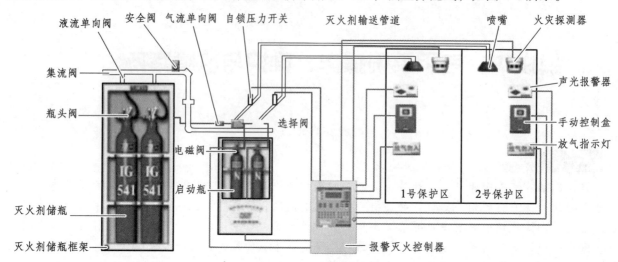

图 4.1　气灭系统结构

（一）控制部分

控制子系统由气体灭火控制器及现场设备组成，现场设备包括气体灭火就地控制盘、火灾探测器、警铃、声光报警器、联动控制设备等。平时是通过本系统独立的控制子系统来监视各防护区的状态，在发生火灾时能自动报警，并按预先设定的程序启动灭火装置，达到扑救防护区火灾的目的，如图 4.2 所示。

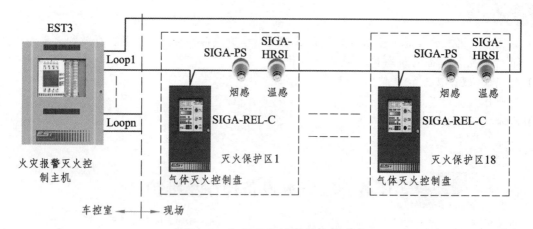

图 4.2　气灭系统控制部分原理

1. 烟感和温感探测器（见图 4.3）

图 4.3　探测器

2. 警铃（见图 4.4）

图 4.4　警铃

3. 声光报警器（见图 4.5）

图 4.5　声光报警器

4. 放气勿入灯（见图 4.6）

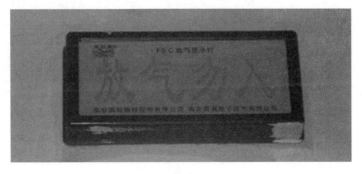

图 4.6　放气勿入灯

（二）管网系统

　　管网子系统包括储存装置、启动装置、选择阀、喷嘴、输送管路及其他附件。IG541 混合惰性气体灭火系统由存储输送灭火介质的管网子系统和探测报警联动灭火设备的控制子系统组成。

二、气灭火警确认

火灾的确认方式由气体灭火防护区门外的手/自动转换开关决定。

人工确认：当手/自动转换开关处于手动位且防护区发生火灾时，系统需在进行人工确认后才能启动相关气体灭火设施。

自动确认：当手/自动转换开关处于自动位且防护区发生火灾时，系统自动对火灾进行确认并按照系统自动操作的方式进行灭火，如图 4.7 所示。

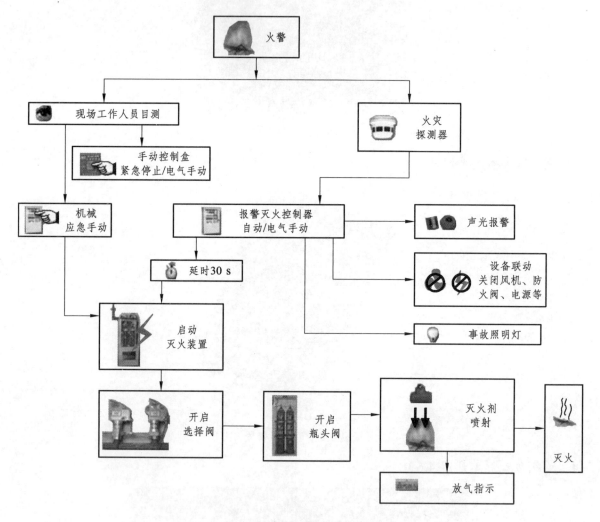

图 4.7　气灭系统工作原理

 **任务实施**

一、气灭系统的操作

（一）主机基本操作

面板功能介绍：

EST3 操作面板 3-LCDXL1C 的操作和显示：图 4.8 是 3-LCDXL1C 的外观示意图，具体功能描述参见表 4.1。

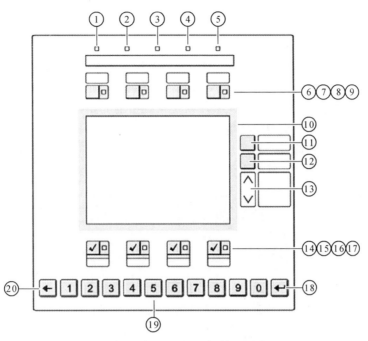

图 4.8　气灭主机面板按钮功能

1—电源指示灯；2—测试指示灯；3—CPU 故障指示灯；4—接地故障指示灯；5—屏蔽状态指示灯；
6—复位键/指示灯；7—报警消声键/指示灯；8—控制器消声键/指示灯；9—自检开关/指示灯；
10—液晶显示屏（LCD）；11—详细信息键；12—命令菜单键；13—上/下信息键；
14—报警事件队列键；15—联动/反馈事件队列键；16—其他事件队列键；
17—屏蔽事件队列键；18—回车键；19—数字键区；20—删除/退格键

表 4.1　3-LCDXL1C 操作和显示功能描述

名　称	功能描述
电源指示灯	表示控制器有交流电供应
测试指示灯	表示系统的任一部分正处于测试状态
CPU 故障指示灯	当看门狗探测到处理器故障时点亮
接地故障指示灯	当连接机箱的非接地线与地相连时黄灯亮
屏蔽指示灯	表示用户屏蔽任一点或任一区域
复位键/指示灯	按此键激活系统的复位功能以便系统恢复正常。注意：复位键对于屏蔽点和人工屏蔽功能无效
控制器消声键/指示灯	关闭控制器的蜂鸣器。指示灯表示控制器消声功能启用。一个新的报警时间将取消控制器消声，同时再次激活控制器的蜂鸣声
自检开关/指示灯	按自检键激活自检功能。黄灯亮指示自检功能被激活。注意：此键可以被另外编程，使其具有其他功能
液晶显示屏（LCD）	显示事件信息和系统控制菜单
详细信息键	显示所选事件的详细信息
命令菜单键	显示系统控制菜单，菜单包括：状态、使能、屏蔽、激活、恢复、报告、编程、测试
上/下信息键	滚动查看上一条或下一条事件信息。在主菜单中完成上下选择功能
回车键	通过按此键来确认键盘输入或激活选中的菜单功能
数字键	数字键盘可用来输入地址或密码。同时可以在菜单模式下，选择对应的选项
删除/退格键	按此键将使光标回退一格并删除原先此处的字符。此键在某些菜单中也用作退出功能
屏蔽事件队列键	在火灾事件显示窗口，显示屏蔽事件信息。 当地：显示下一个事件信息。 专有：在显示下一个事件信息前，确认当前事件信息。 指示灯表示事件信息队列的如下状态： （1）闪烁表示该队列包含至少一个新的或未确认的事件信息； （2）常亮表示所有事件信息已经被确认过

1. 显示特性

EST3 系统将所有事件置于四个目录之下。

（1）火警事件—与生命安全相关的事件：例如烟感探头、喷淋系统的水流指示器、手动报警按钮等。

（2）联动事件—系统中发生火警或故障事件时，自动触发其他联动设备的事件。

（3）其他事件—EST3 系统的故障、监视事件以及系统中的非正常状态；如水喷淋系统的阀门关闭。

（4）屏蔽事件—屏蔽系统中某期间发生的事件。

因为上述事件能在任意事件以任意顺序发生，所以系统按优先权优先显示重要的信息，如图 4.9 所示。火警事件具有最高优先权，屏蔽事件具有最低优先权。

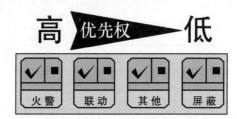

图 4.9　EST3 事件优先级关系

当有一条以上事件信息时，3-LCDXL1C 的屏幕显示事件状态。图 4.10 是事件屏幕的显示示意图。具体显示的内容描述，参见表 4.2。

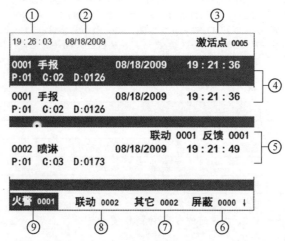

图 4.10　事件屏幕显示

1—时间显示区域；2—日期显示区域；3—点位激活区域；4—火灾/故障/监视/状态事件显示窗口；
5—联动事件显示窗口；6—屏蔽事件显示区域；7—故障/监视/状态事件显示区域；
8—联动/反馈事件显示区域；9—火警事件显示区域

表 4.2　时间屏幕显示描述

时间显示区域	显示系统时间，格式：HH:MM:SS。
日期显示区域	显示系统日期，默认格式：MM/DD/YYYY。
点位激活区域	显示激活的点位数量。
火灾/故障/监视/状态事件显示窗口	显示火灾、故障、监视、状态相关事件信息，详细信息，参见"火灾事件显示窗口"，"故障/监视/状态事件显示窗口"。
联动事件显示窗口	显示联动相关事件信息，详细信息，参见"联动事件显示窗口"。
屏蔽事件显示区域	显示屏蔽事件信息的数量。
故障/监视/状态事件显示区域	显示故障/监视/状态事件信息的数量。
联动/反馈事件显示区域	显示联动，联动反馈和反馈故障事件信息的数量。
火警事件显示区域	显示火警事件信息的数量。

（二）气灭控制盘 REL 基本操作（见图 4.11）

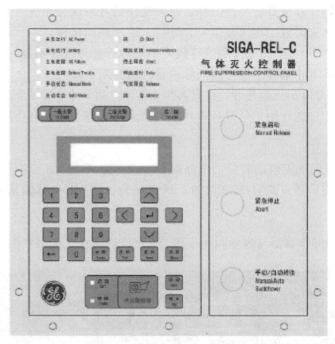

图 4.11　气体灭火控制盘 REL

1．LCD 显示功能

（1）报警显示功能：　感烟探测器报警、感温探测器报警。

（2）监视显示功能：磁阀动作、防火阀动作、紧急释放按钮动作、紧急停止按钮动作、手动/自动转换开关状态、电源状态显示程序码出错。

（3）自检功能：显示网络通信故障、显示数据线故障、显示接地故障、显示交流欠压、显示电池故障、探测器 3 级脏污报告、探测器丢失报警。

2．事件监视界面

气体灭火控制器接通电源完成初始化后，即进入监视状态。液晶分为两行，第一行最左边是查询图标，在查询历史事件时使用，见"历史事件查询"部分。图标后面是当前的一条事件或是一条历史事件的所有信息，包括事件名，事件发生的时间和日期，其中时间和日期分两次滚动显示。液晶右下角实时显示当前时间，也是滚动显示。

如果有火警或是防火设备启动等事件发生，可以记录该事件并立刻在液晶上显示，并发出警报声，详细介绍见"报警状态"部分。这时如果产生故障，只会记录该故障事件和亮故障灯，而不会显示出来，且只有当故障发生时火警声已被消音，才可以发出故障声；如果当前没有火警或是出现防火设备启动等高优先级事件，有故障产生时可以马上显示出来，并且亮故障灯和发出故障声。另外，在某一故障恢复时，会记录该恢复事件，如果所有故障都消失，则故障灯灭，故障声停止。如果气体释放延时正在进行，则不会显示其他任何事件，直到延时被中止或结束。

3．报警事件操作

当控制器检测到一次火警时，一次火警灯亮并发出警报声。当检测到二次火警时，二次火警灯亮并发出警报声，然后开始气体释放延时，液晶上显示气体释放倒计时。释放延时灯亮。如果之前没有按过【紧急启动】按钮，则属于自动释放，自动释放灯亮，手动释放灯灭，否则属于手动释放，手动释放灯亮，自动释放灯灭。在倒计时的过程中如果按下【紧急停止】按钮，则释放倒计时中止，中止释放灯亮，释放延时灯闪烁。再按下【紧急启动】按钮可使倒计时从被中止时的时间值处继续。当倒计时到 0 时，电磁阀隔离继电器启动，气体喷放。如果气体成功喷放，会向控制器送回一个反馈信号，在收到该反馈信号前，气体释放灯会一直闪烁，收到反馈信号后就会长亮。直接按下【紧急启动】按钮后，控制盘可收到一次火警或二次火警信号，进行上面所述的操作。

无论有没有火警，按下【启动】或【停止】键可启动或停止声光警报器，并使控制盘发出警报声。有报警声或故障声时，按下【消音】键可以消除声音，同时消音灯亮。

另外，按下【紧急停止】后可以松开，只有再按下【紧急启动】才能使释放延时继续。【紧急停止】按钮只在释放延时的过程中起作用，延时尚未开始或结束时它都不起任何作用。

（三）气灭管网的操作

IG541 气体灭火系统由气灭启动装置、选择阀、低通高阻阀、灭火剂钢瓶及瓶头阀、高压软管、集流管、安全阀、单向阀（逆止阀）、减压装置、压力开关、喷头和气体输送管道等组成。

1. 管网设备

灭火剂瓶组：灭火剂储存容器与容器阀相连接，用于长期储存灭火剂和增压气体，如图 4.12 所示。

图 4.12　灭火剂瓶组

气体单向阀：安装于启动气体管路上，单向性能好，可以保证在任意角度下起到单向作用，保证灭火剂不会倒流到灭火剂储瓶中去。也可以使灭火剂储瓶在维修过程中保证灭火剂不会从单向阀处喷射出来，如图 4.13 所示。

图 4.13　气体单向阀

电磁启动装置由电磁驱动器和启动容器阀组成，它安装在启动气体的储存选择上，具有封存、释放、充装、检漏、超压排放等功能，并设有压力表（常带压显示）及其所配套的检修（维护）阀门、机械应急启动装置，如图 4.14 所示。

图 4.14　启动气瓶及电磁瓶头阀

安全阀：安装在集流管的一端，起安全泄压的作用，如图 4.15 所示。

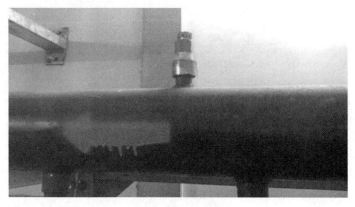

图 4.15　安全阀

选择阀：一端与集流管连接，另一端与出管组件连接。对应每个防护区各设一个选择阀，平时为关闭状态。当发生火灾时，灭火系统顺序开启选择阀和瓶头阀，将 IG541 灭火剂释放到发生火灾的防护区，如图 4.16 所示。

图 4.16　选择阀

　　压力开关安装在选择阀的出口部位，对于单元独立系统压力开关则安装在集流管上。当灭火剂释放时，压力开关动作，送出灭火剂释放信号给控制中心，起到反馈灭火系统的动作状态的作用，如图4.17所示。

图 4.17　压力开关

　　喷头安装在灭火释放管道的末端，用来控制灭火剂的释放速度和喷射方向，将灭火剂释放到防护区的关键组件。因灭火剂的不同，喷头有各种类型。但基本要求是必须保证耐压、耐腐蚀，具有一定强度，如图4.18所示。

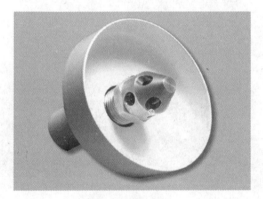

图 4.18　喷头

　　2.　启动管路切除操作

　　（1）将气灭保护区所在的就地控制盘打在"手动"状态。

　　（2）在气瓶间找到该气灭保护区所对应的启动气瓶，用活动扳手逆时针方向将启动管路拧松，如图4.19所示。

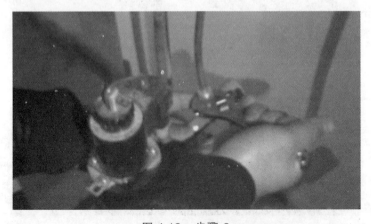

图 4.19　步骤 2

（3）拧松后，可用手直接将启动管路分开，如图 4.20 所示。

图 4.20 步骤 3

（4）拆除电磁阀电气接头。用十字螺丝刀，对准电磁阀接头，按逆时针方向拧开，如图 4.21 所示。

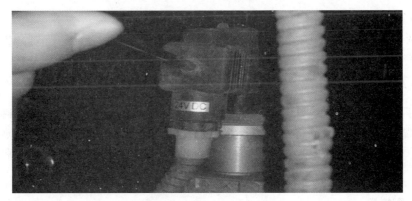

图 4.21 步骤 4

（5）拧开螺丝后，将接头拔开，如图 4.22 所示。

图 4.22 步骤 5

二、气灭系统维护

根据《FAS 及气灭维修规程》，气灭系统的维护修程分为"巡检""保养""小修"，其中"保养"按周期分为"保养（季）"和"小修（年）。

（一）巡检维护

1. 气灭主机

检查气灭主机盘外观情况；主机盘外观完好，表面干净，无灰尘；主机界面工作正常，外围设备工作状态正常；火警、故障、联动、其它、屏蔽 4 项内容有无新增条目信息，手自动转换正常等。指示灯工作正常。气灭主机时间与 FAS 主机时间一致。

2. 气瓶间双电源切换配电箱

检查电源箱外观及工作情况；双电配电箱外观整洁，箱内无进水、漏水痕迹。双电源控制工作状态正常，指示灯显示正常，无故障指示。查看配电箱各空开处于正确分合位置，无跳闸。

3. 辅助电源箱

检查设备外观及工作情况；外观完好，表面干净，无灰尘；主备电指示正常，显示电压应在 24 V（+5% ~ -5%）。

4. 就地控制盘

检查就地控制盘外观情况；就地控制盘外观完好，表面干净，无灰尘；控制盘界面工作正常，外围设备工作状态正常；指示灯工作、手自动转换正常。

5. 气体灭火管网及附件

对灭火剂储存容器及容器阀、单向阀、连接管、集流管、安全泄压装置、选择阀，启动气瓶（包含止动挡片）、喷嘴、信号反馈装置等全部系统组件进行外观查看。全部系统组件外观应无碰撞变形及其他机械性损伤，表面应无锈蚀，保护涂层应完好，铭牌和标志牌应清晰；启动气瓶和储气瓶的压力应显示在绿区内。

（二）季度保养维护

1. 气灭主机

（1）包含巡检内容。

（2）检查主机内部接线情况；紧固回路接线、内部板卡连线，与 FAS 接口通信线接线连接紧固，不松动。

2. 气瓶间双电源切换配电箱

（1）包含巡检内容。

（2）卫生打扫，线缆检查和紧固；双电源切换箱卫生打扫，双电配电箱外观内部整洁，柜内无杂物、箱内无进水、漏水痕迹。检查各线缆完好，表皮无破损，无发热老化痕迹。紧固各线缆、端子，确保无松动、无脱落。

（3）测量双电源切换箱输入、输出电压；输入线电压：360 V AC ~ 440 V AC，输出相电压：200 V AC ~ 240 V AC。

（4）对双电源进行模拟故障切换；确认双电源 N、R 路进线正常的情况下，手动切断 N 路进线空开，双电源开关应能自动切换到 R 路供电，合上 N 路进线空开，双电源切换箱保持 R 路供电，再断开 R 路空开，双电源开关能切换 N 路供电，最后再合上 R 路空开，N、R 路指示灯常亮。

3. 辅助电源箱

（1）包含巡检内容。

（2）卫生打扫，线缆检查和紧固；箱内整洁，无灰尘；端子接线紧固，无松动。

4．就地控制箱

（1）包含巡检内容。

（2）检查就地控制盘内部接线情况；紧固回路接线、内部板卡连线。

（3）模拟启动试验；先后用激活探测器和按下"紧急启动"按钮两种方式进行模拟启动试验，模拟启动后相关报警、指示灯、延时 30 s 及设备联动情况正常，相关联动设备应启动，"紧急停止"按钮按下后，相关设备应停止动作；手/自动按钮能正常转换，界面指示灯能显示其状态。

5．蓄电池

（1）检查蓄电池外观：外观无锈蚀、灰尘、膨胀和漏液现象。用半干湿布清洁外观。

（2）检查蓄电池接线：接线应安装牢固，无松动。

（3）对蓄电池进行主备电自动切换测试；切断气灭主机 220 V AC 配电开关，主机应自动切换至备电状态，主机报主电故障。切断气灭就地控制盘 220 V AC 配电开关，就地控制盘应自动切换至备电状态，并报主电故障。切断辅助电源箱 220 V AC 配电开关，电源箱应自动切换至备电状态，并报主电故障。

（4）测量单个及成组蓄电池电压；单个 12 V DC（＋15% ～ －5%），成组 24 V DC（＋15% ～ －5%）。

6．警　铃

（1）检查警铃外观：外观整洁，无灰尘。

（2）检查设备接线：接线牢固，无松动。

（3）对警铃进行功能性试验；确认警铃能发出报警声响且声音正常。

7．声光报警器

（1）检查声光报警器外观：外观整洁，无灰尘。

（2）检查设备接线：接线牢固，无松动。

（3）对声光报警器进行功能性试验：确认声光报警器能发出报警声响且声音正常，能发出光亮。

8．启动气瓶电磁阀

（1）检查外观：外观完好无破损、整洁，无灰尘。

（2）测试电磁阀功能：在气灭联动模拟喷气情况下，用万用表测量电磁阀头部电压，电压应为 24 V DC（±5%）左右，核对电磁阀启动回路是否对应气灭房间。

9．压力开关、放气勿入灯

（1）检查压力开关、放气勿入灯外观：外观完好无破损、整洁，无灰尘。。

（2）检查设备接线：接线牢固，无松动。

（3）对压力开关、放气勿入灯进行功能性试验：在气瓶间拔起保护区相对应的压力开关，气灭主机应反馈报警信息，放气勿入灯应常亮。

10．防火阀接口模块

测试防火阀模块接口功能：防火阀在联动情况下应关闭，主机应收到反馈信号。

11．气体灭火管网及附件

（1）包含巡检内容。

（2）检查保护区房间：保护区房间名称应无变化，可燃物的种类、分布情况、防护区开口位置不应更改；连接管应无变形、裂纹及老化；各喷嘴孔口应无堵塞。

（3）检查气瓶间：气瓶间内设备、灭火剂输送管道和支吊架的固定，应无松动。气瓶间地面卫生整洁干净，气瓶瓶体、管网及固定支架整洁无灰尘。

（4）检查气瓶间气瓶及管网：储存装置间的设备、输送管道和支架固定，应无松动，连接管应无变形、裂纹及老化。气瓶手动启动装置的保险销、铅封应完整。

（三）小修维护

1. 蓄电池

（1）包含季度保养内容。

（2）对蓄电池进行充放电保养；在消防联动前，将气灭主机、REL 箱主电及 24 V 消防电源的主电断开，设备依靠备电运行。待消防联动结束后，推上主电空开，确认主电运行正常。

2. 探测器

（1）检查探测器及其底座外观；目测外观清洁，无灰尘；安装应牢固，无松动。

（2）对探测器报警情况进行功能性测试；对探测器进行喷烟报警试验，探测器指示灯在火警情况下应红色常闪报警显示正确；确认控制主机、图形工作站、ISCS 正确接收探测器报警信号。

3. 模块箱

查看模块箱工作环境，内部接线；模块箱内部接线应紧固，整洁无灰尘；模块箱编号完好，内部设备标识完好。

三、注意事项

气灭系统涉及高压气体，如不按规定违章作业，引发气灭系统的误动作，将对设备和人员造成严重的损失，还将追究违章人员的责任。气灭系统操作和维护是气灭系统能否正常稳定运行的关键，维护人员必须具有扎实的理论知识和熟练的操作能力，严格按照作业流程，遵章守纪，才能把工作做好。

 任务评价

根据以上学习内容，评价自己对本任务内容的掌握程度，在下表相应空格里打"√"。

评价内容	差	合格	良好	优秀
对气灭系统结构、功能、工作原理等的掌握程度				
对气灭系统操作、维护工作的掌握程度				
学习中存在的问题或感悟				

 # 任务二　气灭系统故障案例

案例一　气灭喷气应急处理

一、故障概况

（1）设备名称：气灭系统。

（2）故障现象：城隍庙站变电所控制室发生气灭喷气。

（3）故障影响程度与等级：本次事件造成控制室对应气灭系统的 5 个 IG541 气体灭火介质喷放，导致该气灭管网系统对应的其它房间暂时失去保护。

二、故障处理经过简介

（一）信息获得

2015 年 12 月 23 日 12 时 12 分，城隍庙站车控室值班员听到气灭主机有报警声音，查看气灭主机信息发现变电控制室手动启动的信息，随即赶往现场进行查看。到达现场后，变电控制室警铃和声光报警器已经动作，气灭开始喷放。车站值班员立即向 OCC 调度报告城隍庙站变电控制室发生气灭喷气。FAS 值班人员得到调度下发的信息后立刻赶往现场进行处置。

（二）先期故障判断及准备内容

FAS 维护人员接报后先期预判可能存在下列几种原因：
① 气灭房间发生火灾，气灭系统自动喷放灭火。
② 就地控制盘人工手动启动。
③ 由其他异常情况引发。
故障处理准备内容包括：万用表、手持台、个人工器具等。

（三）故障现象确认及初步诊断

FAS 专业人员到达现场，首先对气灭主机进行故障确认，查看气灭主机与图形工作站历史记录信息，气灭主机显示已喷状态，再查看气灭就地控制盘面板指示灯显示二次火警，警铃与声光报警响，放气误入灯亮，接着去气瓶间查看相应的启动装置小钢瓶与大钢瓶的压力表，压力表的表针不在绿区，确定气体已被释放。

（四）故障实际查找过程及确认

查看气灭主机历史记录，发现有一条变电控制室喷气手动启动信息。结合 FAS 委外单位人员当时在现场的描述，变电控制室门口 REL 箱紧急启动按钮倾斜且按钮的保护盖破损，在临时处置过程中，紧急启动按钮异常启动，导致气灭误喷。

三、原因分析

（一）故障产生的直接原因与逻辑分析

变电控制室就地控制盘 REL 箱紧急启动按钮，在临时处置过程中，异常启动，导致气灭喷放。

（二）故障直接原因产生因素分析

FAS 委外单位人员在现场故障处理过程中，安全预想不充分，气灭防范措施不到位，技能掌握不扎实，在 30 s 倒计时过程中，现场人员由于业务的不熟练，加上心理紧张等因素，未能及时中止气灭喷放。

四、案例处理优化分析

（一）案例处理过程中的错误

FAS 委外单位人员在事件发生后，未能及时通知专业维护员和专业工程师，未能进行风险评估，未启动应急预案，人为造成影响范围扩大。

（二）过程优化步骤

气灭误喷发生后，处理人员应立即将现场情况报给工班长和专业工程师，启动气灭误喷应急处置预案，在原因未调查清楚前，不能轻易判断原因。

五、专家提示

（一）此类事件处理的关键步骤

处理人员应第一时间到达现场，确认故障影响范围和程度，及时启动应急预案，并保护现场。备份事件发生记录，待专业组分析原因。为保证系统内其他气灭房间的安全，应急抢修人员及时从库房领取备用气瓶及必要的工器具前往现场处理，更换喷放气瓶。待原因分析清楚后，及时恢复气灭保护。

（二）其他提示

当气灭喷气后，为保证其他气灭房的安全，应将其余就地控制箱 REL 打在手动状态。

六、预防措施

在平时对气灭系统进行检修的过程中，必须严格按照作业流程，首先做好气灭系统管路切除工作，保证作业安全。维护人员必须熟练掌握气灭系统原理，在日常的培训中，注重对气灭 REL 箱意外启动后的应急中止实操练习。保证发现异常情况时可以从容处理。

七、讨论思考题

本案例为气灭误喷应急处理：在气灭保护区发生误喷后，该气灭管网系统下的其余保护区还能进行灭火吗？

案例二　气灭主机瘫痪故障

一、故障概况

（1）设备名称：气灭主机。
（2）故障现象：车站控制室气灭主机瘫痪。
（3）故障影响程度与等级：气灭主机处于较长时间的瘫痪，导致车站所有气灭房间不受保护，存在严重安全隐患。

二、故障处理经过简介

（一）信息获得

某日某时，某站点车控室值班员听到 FAS 主机有报警声音，查看后发现 FAS 与气灭主机通信故障，随即查看气灭主机，发现其面板显示器没有显示，立即向 OCC 调度报告气灭主机故障情况。FAS 值班人员得到调度下发的设备故障信息后立刻赶往现场进行处置。

（二）先期故障判断及准备内容

FAS 维护人员接报后先期预判可能存在下列几种原因：
（1）气灭主机进线 220 V AC 无电。
（2）气灭主机电源卡和辅助电源卡故障。
故障处理准备内容包括：万用表、手持台、个人工器具等。

（三）故障现象确认及初步诊断

设备维护人员到达现场，发现气灭主机面板主电和备电指示灯灭，显示屏无显示，查看内部板卡指示灯灭，判断气灭主机失电，处于关机状态。

（四）故障的实际查找过程及确认

设备维护人员首先判断主机电源 220 V AC 进线有无失电，用万用表测试进线端子，发现交流 220 V 有电。再测试备用蓄电池电压，发现电压在 24 V 左右，判断是由于主机电源板故障导致主机失电。需要更换主机电源板和辅助电源卡。更换前需要做好气灭管路切除工作，更换完成并上电后，主机重新启动，工作正常，故障排查结束。

三、原因分析

（一）故障产生的直接原因与逻辑分析

气灭主机电源板卡本体故障，导致主机失电。

（二）故障直接原因产生因素分析

气灭主机处于 24 h 不间断工作状态，对电源板卡的要求极高，长时间运行会造成电源板卡元器件失效损坏从而无法正常工作。

四、案例处理优化分析

（一）案例处理过程中的错误

维护人员在故障处理前，未将该故障反馈给专业工程师进行故障处理风险评估，未启动应急预案，容易人为造成故障影响范围的扩大。

（二）过程优化步骤

现场人员到场处理故障后，应该立即将现场故障情况报给工班长，并由工班长与工程师沟通评估故障的影响范围和故障处理的风险，确定是否启动故障应急处置预案，故障处理前，先向调度汇报并请点，征得同意后，做好防护措施后再进行故障处理。

五、专家提示

（一）此类故障处理的关键步骤

故障发生后第一时间到达现场，确认故障影响范围和程度，进行相应的人员分组和分工。确认故障原因后，立即通知应急抢修人员带好电源板备件、万用表及必要的工器具前往现场进行处理。

（二）其他提示

当维护人员发现现场故障后，初步检查故障情况和收集故障信息，对故障做出充分预判，并准备好必要的工器具和备品备件，因故障发生当场并没有那么多准备时间，因此平时要做好相关应急材料的准备工作，并且做好物资分类整理，便于紧急情况下的调取使用。

六、预防措施

在平时的检修过程中，气灭主机的主备电切换和蓄电池的充放电需按规定操作，使蓄电池保持在良好状态。在日常的培训中，注重对气灭主机板卡的拆装实操练习。一发现异常情况，可以从容处理。

七、讨论思考题

本案例为气灭主机电源板卡故障导致的主机瘫痪：在气灭主机瘫痪的状态下，现场就地控制盘 REL 还能手动操作进行灭火吗？

模块训练

 任务训练单

班级：　　　　　　　　姓名：　　　　　　　　训练时间：

任务训练单	气灭联动相关作业
任务目标	掌握气灭主机的各项基本操作，能完成气灭系统的检修维护作业，能对气灭主机瘫痪故障进行应急处理，能对气灭系统出现的喷气事件进行应急处理
任务训练	请从下列任务中选择其中的两个进行训练：气灭管路切除、探测器激活启动、手动紧急启动、手动紧急停止、主机更换电源板、REL 箱更换面板和主板

任务训练一：
（说明：总结作业流程，并通过模拟激活探测器或手报完成实操训练）

任务训练二：
（说明：总结作业流程，并通过模拟激活探测器或手报完成实操训练）

任务训练的其他说明或建议：

指导老师评语：

任务完成人签字：　　　　　　　　　　　日期：　　年　　月　　日

指导老师签字：　　　　　　　　　　　　日期：　　年　　月　　日

模块小结

　　本模块讲述了气灭系统的原理、操作要求及维护工作。要掌握这些作业，首先要掌握气灭系统的结构、功能等。气灭系统控制部分由气灭主机、现场探测器、防火阀模块、就地控制盘、警铃、声光报警器、电磁阀、压力开关等组成。气灭管网由启动气瓶、大气瓶、启动管路，集流管、高压软管等组成。介绍了气灭系统的日常检修内容和标准。

　　同时，本模块介绍了气灭系统发生主机瘫痪和气灭误喷时的应急处置。

模块自测

一、填空题

1. 气灭系统两大部分主要包括（　　　　　　　　）和（　　　　　　　　）。
2. 气灭系统温感报警的条件是（　　　　　　　　）。
3. 气灭系统主机供电来自（　　　　　　　　）。
4. 气灭系统与 FAS 通信接口方式为（　　　　　　　　）。
5. 气灭主机回路卡最多支持（　　　）个气灭控制盘 REL。

二、简答题

1. 简述气灭系统的主要设备及工作原理。
2. 简述某一气灭房 REL 发生联动的条件。

模块五　DTS 系统操作、维护与故障案例

案例导学

　　假如你刚从学校毕业来宁波地铁上班，分配的岗位是 FAS&BAS 维护员。在新的岗位里，你会逐渐了解到地铁消防的相关知识。在学习过程中你会有以下问题：在站点都有探测器监测火灾，那么在地下区间是用什么设备来监测火警的呢？监测区间的系统叫做隧道光纤感温系统，对于它的操作、维护和故障处理，需要完成哪些工作呢？以上的问题将通过本模块的学习得到解决。

学习目标

（1）掌握 DTS 系统的结构和功能知识。
（2）掌握 DTS 系统的操作方法。
（3）掌握 DTS 系统的日常检修维护知识。

技能目标

（1）熟悉 DTS 系统的结构和功能。
（2）能确认 DTS 主机报警及故障状态。
（3）能确认区间 DTS 光纤支架安装情况。
（4）能确认 DTS 主机火灾报警状态和报警位置。
（5）能完成 DTS 系统日常巡检及检修内容。

任务一　DTS 设备操作和维护

 相关知识

一、全线 DTS 概况

　　1 号线：DTS（Deteting Temperature System）主机选用国产 ZD - 1 型，4 km，2 通道光纤测温主机分别对设置有光纤测温主机的车站两边的地铁隧道进行实时温度监控。通过一机三站（单端测量）共 5 台光纤测温主机对 15.118 km 的地下隧道进行实时温度监控。5 台主机分别设置在望春桥站，大卿桥站，江厦桥东站，福明路站和福庆北路站的 5 个地下车站的机柜里，每台主机的探测范围为车站以西的三个区间隧道。光纤感温探测系统使用的不间断电源引自综合监控系统 UPS 配电盘。

　　一机三站这种方式能最大利用设备的性能，降低设备通道数，提高响应时间，降低成本。

　　2 号线：DTS 主机选用国产 ZD - 2 型，4 km，4 通道光纤测温主机分别对设置有光纤测温主机的

车站两边的地铁隧道进行实时温度监控。通过一机两区间，共 9 台光纤测温主机对地下隧道进行实时的温度监控。9 台主机分别设置在栎社、石碶、藕池、丽园南路、火车站、鼓楼、正大路、压赛堰和孔浦 9 个地下车站的机柜里，每台主机的探测范围为车站两侧区间隧道。光纤感温探测系统使用的不间断电源引自综合监控系统 UPS 配电盘。

二、光纤安装方式

为了保证良好的通风与快速的响应，同时避开供列车运行的高压接触网和受电弓，将光缆安装在隧道一侧、强电部分的上方，距墙壁的距离为 0.15 ~ 0.3 m。这样可以正确感知隧道及隧道内电缆桥架的温度变化情况，如图 5.1 所示。

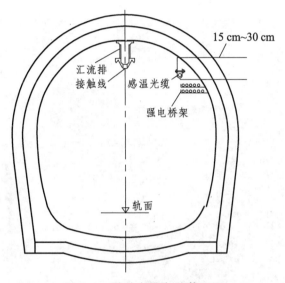

图 5.1　隧道光缆安装截面图

光缆采用吊装方式固定在隧道上侧方，光缆吊装方式如图 5.2 所示。

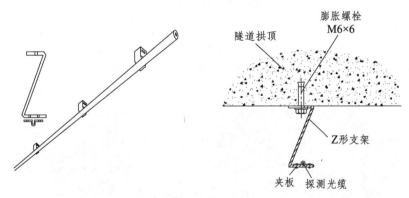

图 5.2　支架安装方式

光缆采用吊装方式固定在隧道上侧方，光缆吊装方式的示意图如下所示。

安装时每隔 1.5 m 使用线夹固定在支架上，感温光缆安装完毕后记录好每个分区、光缆头尾端对应的光缆标记。隧道内探测光缆安装如图 5.3 所示。

隧道温度探测系统采用分布式光纤感温探测系统，能实时、准确、有效地对地下车站区间隧道温度进行探测。光纤感温探测系统将对地铁区间隧道的温度进行监测，使地铁能正常有序地运营。光纤感温探测系统满足分布式、温度在线实时监测、可靠性高、技术先进、扩展方便、智能化程度高、便于调试、维护和管理、布线简单的要求。

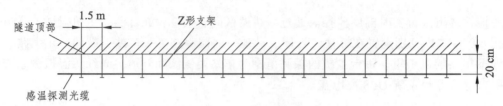

图 5.3　光纤安装示意

分布式光纤测温系统（DTS）就是通过实时监测周围环境热量的变化，从而在事故发生的初期就可以准确判断是否有异常，做到防患于未然。

三、DTS 系统构成（见图 5.4）

图 5.4　DTS 主机立柜

光纤感温探测系统包括测温主机，感温光纤及相关固定支架能。该系统将直接接入车站综合监控系统，通过数据接口直接读取测温主机的实时温度信息。隧道发生火灾的情况下，将由综合监控系统统一协调各相关系统从而进行救灾工作。光纤感温探测系统使用的不间断电源引自综合监控系统 UPS 配电盘。

（1）测温主机如图 5.5 所示。

图 5.5　ZD-2 测温主机

（2）操作显示器如图 5.6 所示。

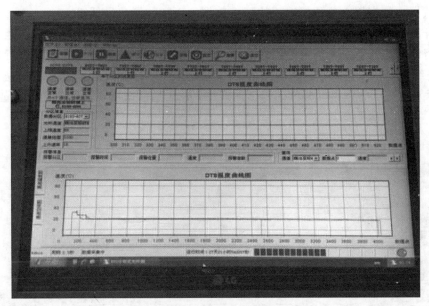

图 5.6　操作显示器

（3）感温光纤及支架如图 5.7 所示。

图 5.7　感温光纤及支架

四、DTS 主机软件

分布式光纤测温系统（DTS）能够以图文方式在光纤测温主机显示屏上显示感温光纤的实测温度信息，对于预警信息、报警信息能以声、光及图文界面报警的方式进行输出，且火灾报警信息和故障信息有明显区别。

分布式光纤测温系统（DTS）可按用户要求划分显示分区。各个控制分区可以设定不同的响应灵敏度及定温报警值，系统具有定温及温升速率报警的功能。设备具备自检功能，能够对测温主机故障、感温光纤断路故障进行报警，为整条光纤提供 24 h 实时监测，提供监测范围内的实时温度、在线温升变化等图文资料，提供完整的历史档案记录，可随时查询系统的工作状态。系统数据按以下优先级次序传输：火警数据（最高级）→预报警（故障）数据→正常数据（最低级）。

分布式光纤测温系统（DTS）软件的隧道温度探测子系统负责实现数据筛选功能，并根据业主指定的协议格式将综合监控系统所需的温度信息通过通信接口上传给综合监控系统进行显示和存储。

图5.8是光纤测温系统监视状态下的主界面（温度显示），在主界面下方显示的是整条光纤的温度曲线图，主界面上方显示的是某一分区的温度曲线图，分区是根据用户需要进行分割的火灾报警区域，纵轴表示温度，横轴表示距离。

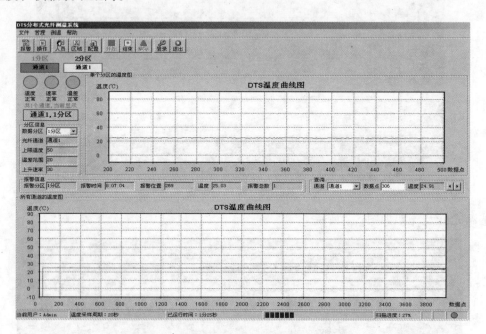

图5.8　光纤测温主机软件界面（温度显示）

当某处温度异常的时候通过曲线可以显示该处温度是升高还是降低，根据波峰的走向也能反映出火灾蔓延的走向和趋势；每个分区可以分别设置过高或过低的温度报警值，当测量温度超过阈值温度时，系统会自动发出报警信号。在光纤空间图上也会用报警色突出显示报警分区及报警信息。

系统根据用户需要，可以定时保存温度数据；并可以使用专门的分析软件对历史温度数据进行查询、分析、统计，可以查询或统计一条光纤在某一点、某一段或某一个时间范围内温度数据。当系统检测到温度报警时系统会自动保存报警前后及报警时的温度数据。

软件可实现实时显示与拥有电子地图的功能。根据隧道的信息绘制成平面图，该平面图包括了隧道的走向以及隧道的分布式温度信息。当系统检测到隧道局部发生温度异常（局部温度过高或者温升速率过快）时，立即通过软件实现告警，并指示告警的区域以及温度等信息。

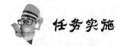 **任务实施**

一、DTS系统操作

（一）设备状态的监视操作

系统启动完毕，默认情况下，操作系统启动完毕后会自动启动测温软件，并自动启动测温。设备启动后，软件主界面如图5.9所示。

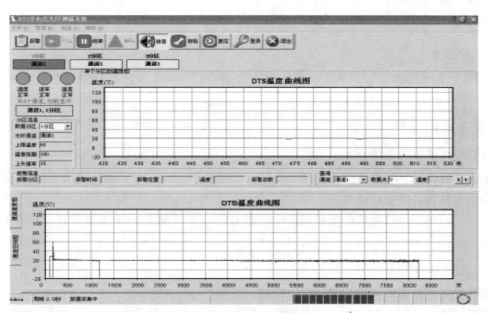

图 5.9　软件主界面

（二）测温操作

点击工具栏上的 ▶开始按钮，开始测温。如果系统配置常规选项里选中了"启动后自动测温"选项，则在启动主程序后，自动开始测温；在测温过程中，点击工具栏上的 ❚❚结束按钮，测温停止。

（三）报警解除

当报警或预警发生时，工具栏上的"解除"按钮可用，点击该按钮，可以解除当前分区的报警或预警。报警为红黄闪烁，预警为黄色。

（四）手动报警

选中某一分区后再点击右上角的 3 个绿色圆圈中的某一个，表示某种类型的报警；报警后该圆圈变红色，该分区会红黄闪烁。同一分区只能有一种类型的报警。

是否可以手动报警在系统配置程序->报警页进行设置。

（五）报警声音消除

火灾报警或故障报警时，如果打开了声音报警功能，会发出报警声音，点击主界面 消音按钮或前面板"消音"按钮，可以手动消除报警声音，但报警状态仍然保持。

（六）系统自检

点击主界面 自检按钮或前面板"自检"按钮，系统会进行自检操作，可以对 DTS 前面板上的火灾报警指示灯、故障报警指示灯和蜂鸣器进行手动检查。

（七）光纤支架的检查

线缆支架应无锈蚀，安装牢固，无松动。

（八）功能性测试操作

在 DTS 主机上触发火警、故障信号，主机应显示报警信息，并显示相应的报警地点。

二、DTS 系统维护

根据《FAS 及气灭维修规程》，DTS 系统的维护修程分为"巡检""保养"，其中"保养"的周期为每季一次。

（一）巡检维护

检查 DTS 主机外观整洁，无灰尘；显示器工作正常，画面无色差。软件运行正常，可随意切换画面。

（二）保养维护

1. DTS 主机保养（每季）

检查主机接线情况，软件备份：清理主机外部，做到整洁无灰尘；线路接线紧固，不松动；用移动硬盘备份历史数据并进行软件备份。

检查 DTS 与 ISCS 接口通信连接是否正常：在 DTS 主机上触发一个火警信息，查看 ISCS 显示信息是否一致。

2. 感温光纤保养（每季）

检查线缆支架工作环境：线缆支架应无锈蚀，安装牢固，无松动。

对感温光纤进行功能性测试：在感温光纤上任取一点触发火警信号，主机应显示报警信息，并显示相应报警地点；主机进行复位后，报警应恢复正常，主机应正常运行。

三、注意事项

DTS 系统是监测全线区间的温度状况，巡检时应注意 DTS 系统与综合监控的通信状态，通信故障时应立即处理。在 DTS 季度检修时，应重点查看感温光纤支架有无脱落，有无侵线，并按要求测试系统的火警报警功能。

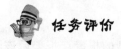 **任务评价**

根据以上学习内容，评价自己对本任务内容的掌握程度，在下表相应空格里打"√"。

评价内容	差	合格	良好	优秀
对 DTS 系统结构、功能、工作原理等的掌握程度				
对 DTS 系统操作和维护工作的掌握程度				
学习中存在的问题或感悟				

 任务二　DTS 系统故障案例

案例一　火车站 DTS 主机第二通道感温光纤无监视数据

一、故障概况

（1）设备名称：DTS 感温光纤

（2）故障现象：火车站 DTS 主机第二通道感温光纤无监视数据

（3）故障影响程度与等级：DTS主机第二通道感温光纤故障，导致该通道所在的区间无法监控火灾信息，存在严重安全隐患。

二、故障处理经过简介

（一）信息获得

2015年12月4日，FAS委外人员在火车站巡检DTS主机时发现主机报故障信息，进一步查看发现DTS主机第二通道温度曲线缺失。FAS故障处理人员得到故障信息后前往现场处理。

（二）先期故障判断及准备内容

FAS维护人员接报后先期预判可能由下列几种原因造成：

（1）DTS主机内部故障。

（2）第二通道的感温光纤线路问题。

（3）感温光纤连接至DTS主机的尾纤问题。

故障处理的准备内容包括：万用表，手持台，光纤熔接机，个人工器具等。

（三）故障现象确认及初步诊断

设备维护人员到达现场，发现DTS主机第二通道监控曲线消失。为确认是否为外部感温光纤出现故障，将第一通道和第二通道的接头对调，第二通道的温度曲线恢复，第一通道故障。判断故障原因为外部感温光纤线路故障。

（四）故障的实际查找过程及确认

仔细观察第二通道曲线，在起点0附近，有很小的一段正常温度曲线，判断光纤断点就在DTS主机起点附近。将静电地板掀开，打开线缆桥架进行排查，发现综合监控设备室静电地板下有一处光纤断点，如图5.10所示。

感温光纤断点找到后，需要进行重新熔接，如图5.11所示。熔接完成后，故障恢复，第二通道恢复正常工作。

图5.10　光纤断点

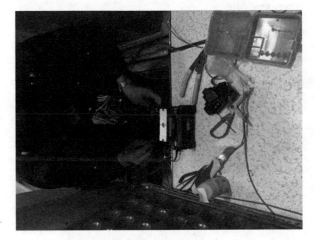

图5.11　重新熔接

三、原因分析

（一）故障产生的直接原因与逻辑分析

感温光纤出现断点，导致第二通道无法监控。

（二）故障直接原因产生因素分析

综合监控房间在施工布线的过程中，由于各专业设备线缆众多，导致感温光纤被其他线缆压伤损坏，内部出现断裂，导致通道出现故障。

四、案例处理优化分析

（一）案例处理过程中的错误

感温光纤内部采用不锈钢软管护套，在剥线过程中，应格外小心，避免断点处感温光纤不必要的损耗。

（二）过程优化步骤

维护人员在处理故障前，应仔细观察故障现象，DTS 主机到感温光纤断点之间的部分应是正常工作的，利用这点，可以判断光纤故障断点所在的位置。

五、专家提示

（一）此类故障处理的关键步骤

故障发生后第一时间到达现场，确认故障影响范围和程度，判断故障点。确认故障原因后，通知后续故障处理人员带好光纤熔接机及必要的工器具进行处理。

（二）其他提示

当维护人员发现现场故障后，初步检查故障情况和收集故障信息，对故障做出充分预判，并准备好必要的工器具和耗材。

六、预防措施

在平时的工作中，各维护员要加强感温光纤剥线和光纤熔接的实操练习。遇到同类故障时，可以从容处理。

七、讨论思考题

本案例为感温光纤断点导致通道无法监控：对 DTS 系统进行季检作业时，怎么进行火警测试工作？

模块训练

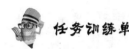 **任务训练单**

班级：　　　　　　　　姓名：　　　　　　　　训练时间：

任务训练单	DTS 系统相关作业
任务目标	掌握 DTS 系统作业流程，能进行系统操作作业，能够进行的日常检修维护及常见故障处理
任务训练	请从下列任务中选择其中的两个进行训练：DTS 系统操作，查看各通道状态，查看与 ISCS 通信状态，DTS 感温光纤季检，DTS 系统火警测试

任务训练一
（说明：总结作业流程，并通过模拟激活探测器或手报完成实操训练）

任务训练二
（说明：总结作业流程，并通过模拟激活探测器或手报完成实操训练）

任务训练的其他说明或建议：

指导老师评语：

任务完成人签字：　　　　　　　　日期：　　年　　月　　日

指导老师签字：　　　　　　　　日期：　　年　　月　　日

模块小结

本模块介绍了宁波轨道交通 DTS 系统的概况，同时讲述了 DTS 系统的操作及维护。要掌握这些内容，首先要掌握 DTS 系统的原理、结构和功能，其次要掌握 DTS 主机软件的日常操作。

同时，本模块介绍了 DTS 系统日常检修维护的标准以及区间光纤支架脱落应急故障的处理流程。

模块自测

一、填空题

1. DTS 系统主要部件包括（　　　　　）、（　　　　　）和（　　　　　）。
2. DTS 系统探测温度的部件是（　　　　　）。
3. DTS 系统主机供电来自（　　　　　）。
4. DTS 系统与 ISCS 通信接口方式为（　　　　　）。
5. DTS 系统主机操作系统为（　　　　　）。

二、简答题

1. 简述 DTS 系统的组成及原理。
2. 简述 DTS 系统季检内容。

模块六　门禁系统操作、维护与故障案例

案例导学

小明发现车站进设备区通道门处都有一个小黑盒子，员工都是用员工卡刷一下才打开通道门。小明联想到自己在课堂上学的知识，这应该就是门禁系统了。

那么，门禁系统到底都可以完成哪些工作呢？门禁系统怎么维护呢？出现门禁故障怎么处理呢？以上的问题可以通过学习本模块得到解决。

学习目标

（1）掌握门禁系统的构成和功能。

（2）了解门禁设备的工作原理。

（3）掌握门禁设备的安装、更换操作。

（4）掌握门禁工作站（包括管理工作站和授权工作站）的操作。

（5）掌握门禁系统的维护方式。

（6）掌握常见门禁故障的处理方式。

技能目标

（1）能明确门禁系统的构成，门禁设备的功能。

（2）能对门禁控制器、开关电源、磁力锁、读卡器、出门按钮、紧急开门按钮、机电一体化锁等设备进行安装、更换。

（3）能操作门禁工作站（包括管理工作站和授权工作站），完成查询、授权等工作。

（4）能完成对门禁设备进行巡检、保养工作。

（5）能处理常见的门禁故障。

任务一　门禁设备操作与维护

 **相关知识**

ACS（Access Control System）系统是门禁系统设备通过计算机网络与车站主控制器和中央级服务器连接组成的自动化控制系统。门禁系统包括了智能门禁控制、消防联控、考勤及人员跟踪等多种功能。门禁系统由线网授权系统、中央服务器系统、车站工作站、门禁控制器、读卡器、电控锁、门磁、出门按钮等组成，如图6.1所示。

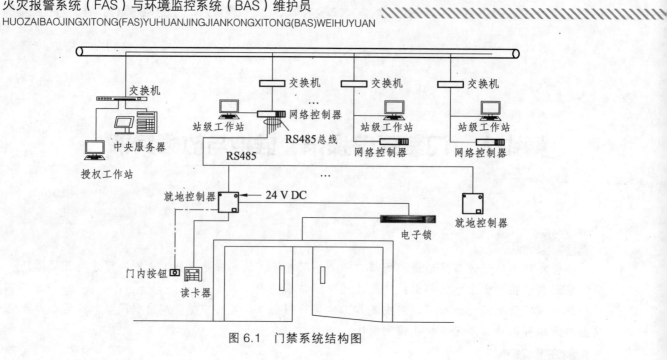

图 6.1　门禁系统结构图

一、线网授权系统

线网授权系统主要由线网授权服务器、线网授权工作站组成。

二、线网授权服务器

线网授权服务器能够实现对既有各条线路门禁系统的员工卡统一发放、挂失和删除；可对既有各线路人员卡权限进行设置；能够存储最近 5 年内所有员工卡发卡授权的历史记录；并支持数据库的定时备份、查询、统计、数据导入和导出、报表打印等功能。

三、线网授权工作站

实现门禁卡（员工卡）的授权以及资料的录入等。

四、中央级门禁系统

中央级门禁系统主要由线路中央服务器、门禁授权工作站组成。

五、中央服务器

中央服务器是门禁系统中央集中部分，能实现对各车站系统内的所有门禁客户端的监控，具有系统运作、授权、设备监测与控制、网络管理、数据库管理、维修管理、及系统数据的集中采集、统计、保存、查询等功能。

六、门禁授权工作站

设置员工卡的安全级别、授权进入的区域、授权进入时间、票卡进出模式、密码等。可以将具有相同通行权限的人定义为一个通行级别，实现批量操作，门禁授权时可以采用表格形式批量导入员工信息的形式进行授权设置。

七、车站级门禁管理系统

车站级门禁管理系统由车站管理工作站、网络控制器、就地控制器、读卡器、电子锁和出门按钮、紧急开门按钮等组成。

八、车站管理工作站

车站管理工作站由综合监控工作站和站长室管理工作站组成。实现对车站系统管辖范围内的门禁终端设备的监控，能满足系统运行、网络管理、维修管理及系统数据的采集、统计、保存、查询等功能；站长室管理工作站还能实现对考勤数据的采集、统计、保存、查询等功能。

九、网络控制器

线路中央级服务器通过网络 TCP / IP 协议对网络控制器进行统一管理，从而实现数据交换和数据处理。网络控制器驱动 4 条 RS-485 总线，使所有的就地控制器根据地址接入到 RS-485 总线。网络控制器具有控制设备联动、操作优先次序、实现时间表操作和实现模式控制等功能，并能对设备进行有秩序的监控，具有广泛的门禁管理功能。当通信网络发生故障，网络控制器能在网络通信恢复后，即时自动连接上通信网络，同时程序和内存应具有断电后自保持的功能。

十、就地控制器

就地控制器读取门禁卡的授权信息后，在线模式下将信息上传到网络控制器，接收网络控制器的指令；离线模式下则根据所保存的安全参数进行分析，在与就地控制器通信中断的情况下，自动转为离线模式进行工作，并且自动继续保留门禁的各种信息，在离线后重新在线时，离线的信息可以重新上传到网络控制器（见图 6.2）。

图 6.2　就地控制器

十一、读卡器

读卡器可读取符合 ISO14443、ISO15693 标准的非接触式 IC 卡的信息，把读到的信息反馈给就地控制器。分公司发行的专用员工卡作为门禁卡。一般设备房、管理用房、通道采用普通读卡器，如图 6.3 所示，票务室采用带键盘读卡器，如图 6.4 所示。

图 6.3　普通读卡器　　　　　　　　　　图 6.4　带键盘读卡器

十二、电子锁

采用机械一体化、磁力锁、电插锁，通过接收现场控制器的控制信号实现解锁和闭锁，如图 6.5 所示。

图 6.5　磁力锁

十三、出门按钮

出门时对门禁进行解锁，如图 6.6 所示。

图 6.6 出门按钮

十四、紧急开门按钮

在紧急情况下，开门时对门禁进行解锁，如图 6.7 所示。

图 6.7 紧急开门按钮

 任务实施

一、门禁设备的安装

（一）出门按钮安装

（1）将接线接入出门按钮触点并拧紧，如图 6.8 所示。

（2）将出门按钮固定在接线盒上，如图 6.9 所示。

（3）安装按键，如图 6.10 所示。

（4）盖上盖板，如图 6.11 所示。

图 6.8　出门按钮安装 1

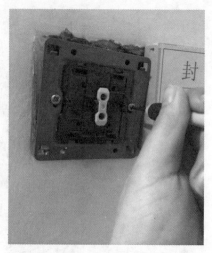

图 6.9　出门按钮安装 2

图 6.10　出门按钮安装 3

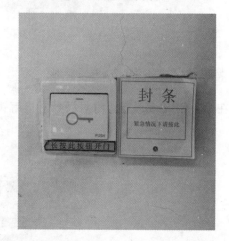

图 6.11　出门按钮安装 4

（二）读卡器安装

（1）将读卡器按照黄、棕、浅蓝、红、黑、白、绿的顺序接线，如图 6.12 所示。

（2）将读卡器底板固定在接线盒上，如图 6.13 所示。

（3）将读卡器固定在底板上，如图 6.14 所示。

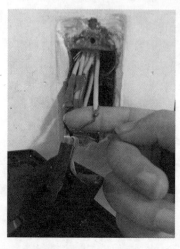

图 6.12　读卡器安装 1

图 6.13　读卡器安装 2

图 6.14　读卡器安装 3

二、门禁系统的操作与维护

(一)车站通信监视★

（1）打开通信接口模块，如图 6.15 所示，显示通信接口模块界面，如图 6.16 所示。

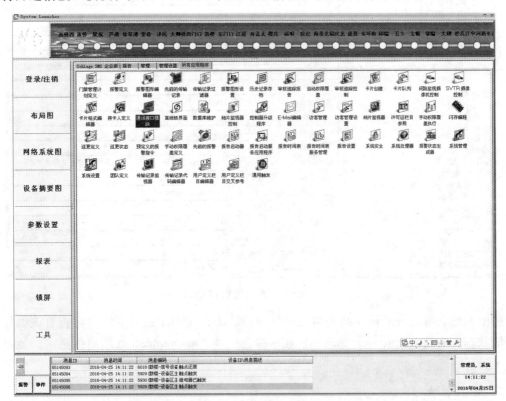

图 6.15 通信接口模块 1

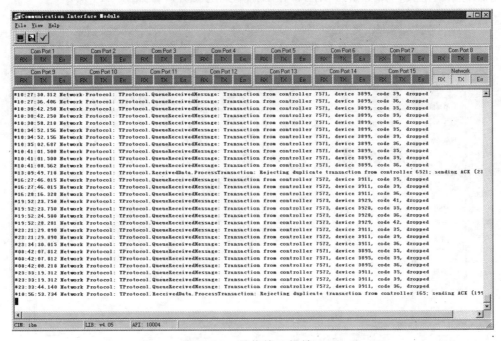

图 6.16 通信接口模块 2

（2）点击右边的 Network，显示车站通信状态，如图 6.17 所示。

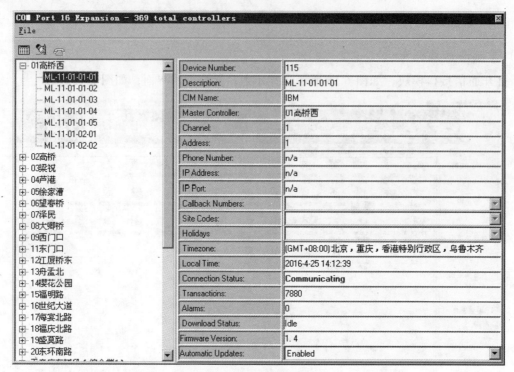

图 6.17　通信接口模块 3

（3）选中车站名可以查看该车站网络控制器通信状态，选中车站名下编号可查看该编号对应就地控制器通信状态，右边 Connection Status 栏显示绿色字体 Communication 则通信正常，显示其他都不正常。

（二）门禁授权★

（1）打开持卡人定义，如图 6.18 所示，显示持卡人定义窗口，如图 6.19 所示。

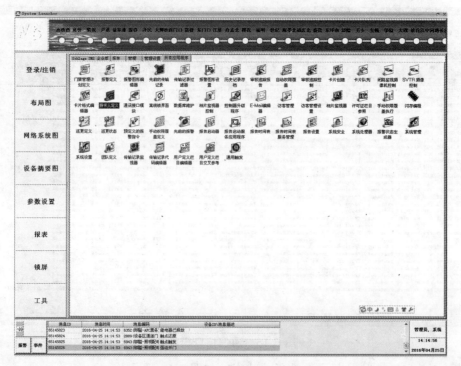

图 6.18　持卡人定义 1

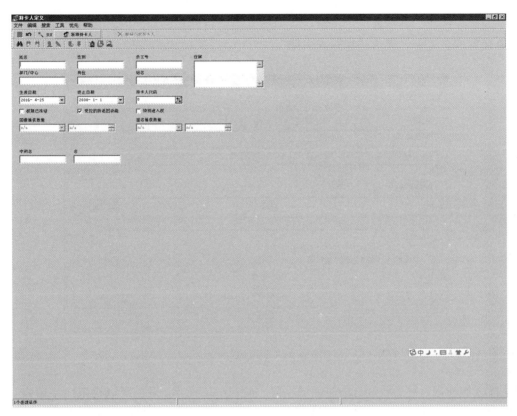

图 6.19 持卡人定义 2

（2）单击新增持卡人，输入员工相关信息（姓名、员工号、部门/中心等）、保存，显示如图 6.20 的画面。

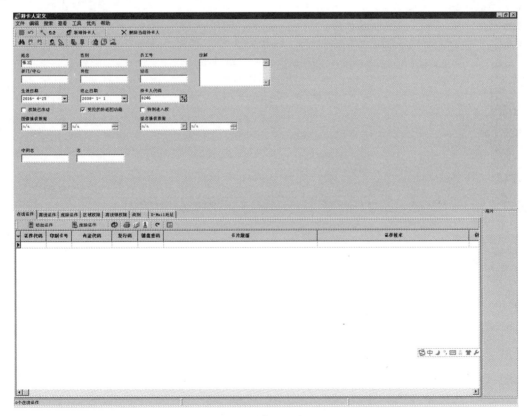

图 6.20 持卡人定义 3

（3）单击添加证件，显示证件定义窗口，如图 6.21，将光标移动到内置代码一栏，在台式读卡器上读取需要设置的员工卡，单击"保存并关闭"。

图 6.21　持卡人定义 4

（4）选择区域权限一栏，再单击添加区域权限，如图 6.22 所示，显示区域权限向导窗口，如图 6.23 所示。

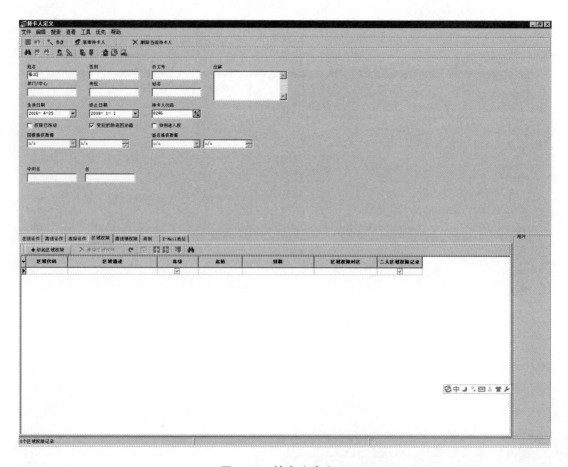

图 6.22　持卡人定义 5

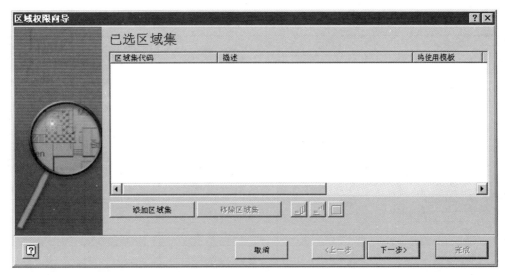

图 6.23　持卡人定义 6

（5）按照门禁开通申请单，根据向导添加对应区域集或者区域，点击"完成"。

（三）门禁系统的维护

1．设备分布

宁波市轨道交通 1 号线 ACS 系统设备包括 1 座车辆段、2 座停车场、29 个车站（其中 16 座地下车站、13 座高架车站）。主要设备如表 6.1 所示。

表 6.1　设备分布表

序号	设备名称	规格型号	原产地/供应商	数量	单位	备注
1	服务器	System x3650 M3	美国/IBM	3	台	
2	UPS	FR-UK3110	厦门/科华	1	台	
3	中央交换机	X414	德国/西门子	2	台	
4	车站交换机	X308	德国/西门子	33	台	
5	网络控制器	SSRC-4	美国/英格索兰	35	套	
6	就地控制器	SSRC-4	美国/英格索兰	315	套	
7	磁力锁	Schlage 3300	美国/英格索兰	1 053	套	
8	边门磁力锁	Schlage 3000	美国/英格索兰	9	套	
9	电插锁	Schlage 465	美国/英格索兰	5	套	
10	机电一体化锁	L9082	美国/英格索兰	29	套	
11	读卡器	SXG 5001	美国/英格索兰	1 062	台	
12	带键盘读卡器	SXG 6701	美国/英格索兰	29	台	
13	出门按钮	EB28	中国/keyvia	1 033	个	
14	紧急出门按钮	KF102GD	中国/keyvia	1 032	个	
15	工作站	Inspiron	美国/DELL	32	台	
16	控制柜	PK10	中国/keyvia	36	个	

宁波市轨道交通 2 号线 ACS 系统设备包括 1 座车辆段、1 座停车场、22 个车站（其中 18 座地下车站、4 座高架车站）。主要设备如表 6.2 所示。

表 6.2　2 号线一期门禁设备清单

序号	设备名称	规格型号	原产地/供应商	数量	单位	备注
1	车站交换机	X308	德国/西门子	25	台	
2	网络控制器	SSRC-4	美国/英格索兰	25	套	
3	就地控制器	SSRC-4	美国/英格索兰	289	套	
4	磁力锁	Schlage 3300	美国/英格索兰	867	套	
5	边门磁力锁	Schlage 3000	美国/英格索兰	23	套	
6	电插锁	Schlage 465	美国/英格索兰	2	套	
7	机电一体化锁	L9082	美国/英格索兰	22	套	
8	读卡器	SXG 5001	美国/英格索兰	899	台	
9	带键盘读卡器	SXG 6701	美国/英格索兰	22	台	
10	出门按钮	EB28	中国/keyvia	801	个	
11	紧急出门按钮	KF102GD	中国/keyvia	845	个	
12	工作站	Inspiron	美国/DELL	24	台	
13	控制柜	PK10	中国/keyvia	24	个	

2．维护内容★（见表 6.3）

表 6.3　门禁维护内容

序号	检修项目	修程	检修内容	检修工作标准	周期
1	门禁服务器	巡检（初级）	1. 检查服务器及显示器显示状态，清洁除尘	设备指示灯正常亮灯，显示器显示正常，设备表面干净、无灰尘	每日
			2. 检查鼠标键盘等配件功能是否正常	配件功能完好	
			3. 检查服务器运行状态和处理器及内存性能项占用情况是否正常	服务器运行正常，处理器和内存占用正常	
			4. 检查门禁系统软件运行情况	门禁系统软件运行正常	
			5. 检查各车站与中央通信是否正常	各车站与中央通信正常	
			6. 检查门禁服务器数据库备份情况	数据库备份完好	
		保养	1. 包含巡检所有内容	标准同巡检内容	每季
			2. 重启服务器，检查开关机是否正常，操作系统及系统软件是否正常	开关机正常，各软件正常运行	
			3. 对服务器重要的文件进行备份	文件备份完好	
			4. 服务器相关接口检查及清洁	接口无松动，内部干净	
2	UPS	巡检（初级）	1. 检查 UPS 的状态指示灯是否正常	指示灯显示正常	每日
			2. 检查 UPS 蜂鸣器有无报警	蜂鸣器无报警	
			3. 检查 UPS 风扇运转是否正常	风扇运转正常无异响	
			4. 检查 UPS 面板上的输入输出电压、频率、负载容量等显示参数是否正常	面板参数显示，输出电压在 AC 220 V ± 2%；频率 50 Hz ± 0.2%	

续表

序号	检修项目	修程	检修内容	检修工作标准	周期
2	UPS	巡检（初级）	5. 检查 UPS 主机柜开关是否在正确位置	开关位置正常，除维修旁路外其余开关均在合位	每季
			6. 检查 UPS 电池柜蓄电池输出空开封条及空开位置	空开封条完好无脱落，空开处于合位	
			7. 检查电池外观是否正常	电池外观正常，无变形，漏液等现象	
			8. 检查设备外表	机柜及设备表面干净无积尘	
		保养	1. 包含巡检所有内容	标准同巡检内容	
			2. 测量 UPS 输出电压	电压值：AC（220±4）V	
			3. 测量 UPS 的充电电压	充电电压为 DC（220±20）V	
			4. 检查接口紧固件有无锈蚀、破损、老化	接口紧固件无锈蚀、破损、老化	
			5. 检查各保护功能是否正常	旁路、蓄电池输出等功能可以正常切换	
			6. 逐个清洁电池表面及 UPS 机柜、电池柜表面；及进行内部的清扫检查（包括转换开关）	电池组外部及各组件干净无积尘	
			7. 进行电池维护性放电	放电达到电池容量的 80%；充电达到 100%	
			8. 检查各开关及电缆接线情况	接触良好，无发热现象	
		小修	1. 包含保养（季）所有内容	标准同保养（季）内容	每年
			2. 风扇清洁除尘	风扇表面无积尘	
3	门禁交换机	保养	1. 检查系统设备状态，清洁除尘	外观完好，设备指示灯正常亮灯，表面干净、无灰尘	每半年
			2. 检查各插接部分是否接触良好，线缆连线有无破裂	各接口接触良好，连线牢固，无破裂	
			3. 检查交换机配置是否正常	交换机配置正常	
4	门禁工作站	保养	1. 检查工作站、显示屏及各配件状态，清洁除尘	设备完好，显示屏显示正常，配件功能完好，设备表面干净、无灰尘	每半年
			2. 检查网络通信是否正常	网络通信良好	
			3. 检查门禁监控功能	能正常监控	
			4. 检查开机程序，操作系统及系统软件是否正常	开机正常，各软件正常运行	
			5. 检查各插接部分是否接触良好，线缆连线有无破裂	各接口接触良好，连线牢固，无破裂	
			6. 检查工作站运行状态，处理器及内存性能项占用情况是否正常	运行状态良好，处理器、内存性能占用正常	
			7. 拆卸工作站，检查并进行清洁	内部干净	
5	门禁控制柜（箱）	保养	1. 检查控制柜（箱）外观是否正常	外观完好、无破损，表面干净、无灰尘、无掉漆	每半年
			2. 检查柜内空气开关工作是否正常	空气开关处于合上位置	
			3. 检查柜体门锁开启是否正常	门锁正常，不破损，旋动自如	
			4. 检查测量空气开关输入电压是否正常	电压应为 AC（220±5%）V	
			5. 检查开关电源模块输出电压是否正常	输出电压应为 DC（24±5%）V	
			6. 检查并紧固柜内所有电缆接线	接线牢固可靠，无脱落	

续表

序号	检修项目	修程	检修内容	检修工作标准	周期
6	门禁控制器	保养	1. 检查控制器外观，清洁除尘	设备完好，干燥，设备表面干净、无灰尘	每半年
			2. 查看各指示灯状态	指示灯正常	
			3. 检查控制线路情况	连线牢固，无破裂	
			4. 检查控制器输入电压是否正常	输入电压应为 DC（24±5%）V	
7	门禁现场控制设备	保养	1. 检查紧急疏散通道是否正常吸合，能否正常释放	正常吸合，能正常释放	每月
		小修	1. 检查磁力锁（含衔铁）是否正常，是否有由闭门器问题引起撞击过重的情况	磁力锁指示灯显示正常，能正常闭合，磁力锁及衔铁无松动，关门正常	每年
			2. 检查机电一体化锁是否正常	一体化锁能正常开关门	
			3. 检查出门按钮是否正常	出门按钮安装牢固，按下出门按钮能正常开门	
			4. 紧急开门按钮是否正常，是否干净（使用破玻钥匙测试破玻紧急开门按钮）	安装牢固，螺丝无脱落，有标识、干净，按下按钮，门锁迅速释放	
			5. 检查读卡器能否正常运行，检查读卡器是否固定牢固，外观是否完好等	读卡器本体固定牢固，刷卡正常	
			6. 检查可视对讲机是否正常	可视对讲机能正常使用	
8	模式验证	小修	1. 门禁功能测试（并检查 IBP 盘上门禁释放按钮是否正常）	根据模式验证表的规定，经测试该功能正常	每年

三、注意事项

（1）门禁授权时，需要确认《门禁权限申请单》流程是否正确，审批是否完整。

（2）门禁服务器需保持通信接口模块、系统处理器、历史记录存档为打开状态。

（3）测量控制箱输入/输出电压时注意不要短路。

 任务评价

根据以上学习内容，评价自己对本任务内容的掌握程度，在下表相应空格里打"√"。

评价内容	差	合格	良好	优秀
对门禁系统构成的掌握程度				
出门按钮安装的掌握程度				
读卡器安装的掌握程度				
车站通信监视的掌握程度				
门禁授权的掌握程度				
门禁维护内容的掌握程度				

任务二 门禁系统故障案例

案例一 门禁磁力锁失电故障

一、故障概况

（1）设备名称：磁力锁。
（2）故障现象：磁力锁指示灯灭，无法吸合。
（3）故障影响程度与等级：报修。

二、故障处理经过简介

（一）信息获得

站务报门禁失效，无法锁门。

（二）先期故障预判及准备内容

检修人员接报后先期预判断为下列 7 种原因造成：
（1）磁力锁损坏。
（2）磁力锁电源线损坏或松动。
（3）磁力锁与衔铁间隙过大。
（4）磁力锁电源掉线松动。
（5）对应就地控制器开关电源损坏。
（6）IBP 盘门禁释放。
（7）综合监控 HMI 或者门禁系统软件控制此门常开。
为处理故障，准备的物品包括：本车站门禁系统图纸、万用表、螺丝刀、内六角、人字梯（0.5 m）、磁力锁、开关电源等。

（三）故障现象确认及初步诊断

检修人员到达现场后，发现磁力锁指示灯灭，无法吸合，查看磁力锁与衔铁间的间隙，未发现间隙过大，去车控室查看综合监控 HMI、门禁工站和 IBP 盘，发现未控制常开，也未释放门禁。进一步判断为以下 4 种原因造成。
（1）磁力锁损坏。
（2）磁力锁电源线损坏或松动。
（3）磁力锁电源掉线松动。
（4）对应就地控制器开关电源损坏。

（四）故障实际查找过程及确认

检修人员打开磁力锁面板，发现电源线完好无松动，电源跳线无松动。用万用表测量电源电压，发现电压为 0。根据门禁系统图纸，找到对应就地控制器，发现磁力锁开关电源指示灯灭。用万用表测量该开关电源输入/输出电压，发现输入电压为 220 V AC，输出电压为 0，判断为开关电源损坏，更换开关电源，故障恢复。

三、原因分析

（一）故障产生的直接原因与逻辑分析

磁力锁采用 24 V DC 供电，使锁体与衔铁间产生磁力从而锁门。此电源由磁力锁对应的就地控制箱内开关电源提供。开关电源损坏，导致没有电源输出，从而磁力锁无法得到正常供电，使之无法正常吸合。

（二）故障直接原因产生因素分析

开关电源质量问题、开关电源老化等原因导致的开关电源损坏。

四、案例处理优化分析

本案例需要对磁力锁失电的可能原因有清楚的认识，并按照顺序查看各环节是否有问题。先对外根据现象进行查看，做出初步判断，然后再利用万用表等工具对线路、设备进行一一确认。

五、专家提示

（一）此类故障正确处理的方式方法及关键步骤

列出磁力锁无法吸合的可能原因，一项一项进行排查。

（二）其他提示

门禁无法吸合，除了门禁故障外，也可能是由于门体变形或者无法完全关闭，使得锁体与衔铁间间隙过大导致的，出现该情况时，需要联系工务专业处理。

六、预防措施

检修时做好就地控制器的清洁工作，防止出现由于积灰导致短路烧掉开关电源的现象。接线要整齐明确。

七、讨论思考题

如果是综合监控 HMI 控制此门常开，该如何处理？

案例二　门禁主控制器故障

一、故障概况

（1）设备名称：主控制器。
（2）故障现象：主控制器通信中断。
（3）故障影响程度与等级：报修。

二、故障处理经过简介

（一）信息获得

巡检发现车站主控制器通信中断。

（二）先期故障预判及准备内容

检修人员接报后先期预判断为下列 6 种原因造成。

（1）主控制器损坏。

（2）门禁控制柜开关电源损坏。

（3）主控制器网线松动或损坏。

（4）车站门禁交换机损坏。

（5）车站门禁交换机网线松动或损坏。

（6）通信设备综合配线柜门禁网口松动。

为处理故障，准备的物品包括：万用表、螺丝刀、开关电源、主控制器、网线、水晶头、网线钳、笔记本电脑等。

（三）故障现象确认及初步诊断

检修人员到达现场后，发现主控制器电源指示灯亮，通信指示灯灭，重启主控制器后故障现在不消失，查看主控制器和交换机网线接口，没发现松动和损坏，进一步判断为以下 3 种原因造成。

（1）主控制器损坏。

（2）车站门禁交换机损坏。

（3）通信设备综合配线柜门禁网口松动。

（四）故障实际查找过程及确认

检修人员在通信专业人员的配合下进入通信设备房，查看门禁与通信接口，未发现松动及损坏。拔下通信配线架上的门禁网线，连接笔记本电脑，打开 CMD 界面，ping 主控制器的 IP 发现不通；ping 工作站的 IP，可以 ping 通。判断为主控制器故障。更换主控制器，并重新配置，故障恢复。

三、原因分析

（一）故障产生的直接原因与逻辑分析

主控制器损坏，导致车站门禁系统通信中断。

（二）故障直接原因产生因素分析

主控制器质量问题，主控制器环境问题等原因导致了主控制器损坏。

四、案例处理优化分析

本案例需要对主控制器通信中断的可能原因有清楚的认识，并按照顺序查看各环节是否有问题。先对外在现象进行查看，做出初步判断，然后再利用万用表、笔记本电脑等工具对网络、设备进行一一确认。

五、专家提示

（一）此类故障正确处理的方式方法及关键步骤

列出主控制器通信中断的可能原因，一项一项地排查。

（二）其他提示

更换主控制器后，需要对主控制器的拨码和 IP 地址进行设置。

六、预防措施

做好平时的检修工作和巡检工作，做好故障预防，一发现有问题要及时处理。接线要整齐明确。

七、讨论思考题

如果通信配线架端口出现问题该如何处理？

模块训练

 任务训练单

班级：　　　　　　　　姓名：　　　　　　　　训练时间：

任务训练单	门禁设备操作相关作业
任务目标	掌握门禁系统的构成，掌握门禁系统的功能，掌握门禁设备的安装、更换操作，掌握门禁工作站的使用，掌握门禁设备的维护方法，掌握常见门禁故障的处理
任务训练	请从下列任务中选择其中的两个进行训练：出门按钮安装、读卡器安装、车站通信监视、门禁授权、服务器保养、就地控制器保养、磁力锁失电故障处理

任务训练一：
（说明：总结作业流程，并在实训室进行实操训练或者上机在模拟软件上完成实操训练）

任务训练二：
（说明：总结作业流程，并在实训室进行实操训练或者上机在模拟软件上完成实操训练）

任务训练的其他说明或建议：

指导老师评语：

任务完成人签字：　　　　　　　　　　　　　日期：　　年　　月　　日

指导老师签字：　　　　　　　　　　　　　日期：　　年　　月　　日

模块小结

本模块介绍了门禁系统的构成，介绍了线网授权系统、线网授权服务器、线网授权工作站、中央级门禁系统、中央服务器、门禁授权工作站、车站级门禁管理系统、车站管理工作站、网络控制器、就地控制器、读卡器、电子锁、出门按钮、紧急开门按钮的功能，介绍了出门按钮和读卡器的安装方法、车站门禁通信情况的查看和门禁卡授权方法，介绍了门禁设备的维护周期和维护方法。

同时，本模块介绍了磁力锁失电故障的处理流程和方法。

模块自测

一、填空题

1. 门禁系统由（　　　　　　）、（　　　　　　　　）、（　　　　）、（　　　　　　　　）、（　　　　　）、（　　　　　）、（　　　　　　）、（　　　　　　）等组成。

2. 一般设备房、管理用房、通道采用（　　　　）读卡器，票务室采用（　　　　　　）读卡器。

3. （　　　　　　）和（　　　　　　）是门禁系统中最常用的设备，用于实现单门磁力锁的释放，以进出房间或通道。

4. 门禁工作站（包括管理工作站和授权工作站），是门禁系统的管理工具，可以实现（　　　　　　）、（　　　　　　）、（　　　　　　）等工作。门禁系统采用（　　　　　）软件。

二、简答题

1. 门禁授权工作站的功能是什么？
2. 门禁就地控制器的功能是什么？
3. 简述出门按钮的安装流程。
4. 简述读卡器的安装流程。
5. 如何查看福明路站就地控制器 ML-11-15-01-01 的通信状态？
6. 门禁授权需要设置哪些内容？

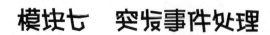

模块七　突发事件处理

假如你今天当班期间的作业任务是节假日驻站保障，那么在保障当班期间，会遇到哪些突发事件呢？如果遇到突发事件该怎么办呢？自己会不会惊慌失措，不知该如何处理呢？下面我们就来介绍一下常见的突发事件情况，以及针对不同的突发事件都需要做哪些工作。这些问题可以通过本模块的学习得到解决。

学习目标

（1）掌握自然灾害类突发情况的应急处置知识。
（2）掌握设备类突发情况的应急处置知识。
（3）掌握人为原因造成的突发情况的应急处置知识。

技能目标

（1）能准确判断并查找突发事件发生的位置，并能判断其发生原因。
（2）能准确判断出该起突发事件的影响程度、范围。
（3）能在最短时间内消除突发事件对正常运营造成的影响。

任务一　自然原因突发事件

相关知识

FAS专业主要包括FAS系统，气灭系统和DTS系统。设备包括FAS主机、图形工作站、气灭主机、消防电话主机及蓄电池、隧道温度探测系统主机、烟温感探测器、感温电缆探测器、警铃、手报、输入输出模块、壁挂电话与插孔电话、区间感温光纤，启动气瓶电磁阀、气灭管网、气灭就地控制盘、气灭模块箱输入输出以及隔离模块、压力开关和放气勿入灯、声光报警器、警铃等。设备遍布各个车辆段，停车场，车站，主变电所。

BAS系统对本车站所辖区间隧道及车站的通风空调大系统、小系统及其水系统、动力照明系统（含智能低压、智能照明系统、EPS等）、区间疏散指示、自动扶梯、电梯、给排水系统、区间人防门等相关设备进行监控及管理，同时对相关设备用房和公共区的环境温湿度等参数进行监测。设备主要集中在环控电控室，环控机房，照明配电室，站厅站台公共区等区域。

ACS门禁系统是实现员工进出管理的自动化系统。通过ACS可实现对员工身份的自动识别；自动根据系统设定开启门锁，自动记录事件，自动采集数据，自动统计、产生报表，并可通过系统设定实现人员权限、区域管理和时间控制等功能。门禁系统设备主要集中在：管理用房、设备用房、公共区付费区与非付费区的疏散通道门、设备房区的通道门等，遍布车站、车辆段和停车场。

一、恶劣天气下设备易发故障

（1）雷雨天气：主要考虑雷电引起双切箱空开跳闸、机柜设备和就地设备损坏等。
（2）气温急剧变化：主要考虑机柜、现场设备受冷凝水影响出现损坏。

二、水灾、火灾导致设备损坏

（一）火灾情况

（1）气灭房火灾：导致气灭喷放，气瓶介质消耗。
（2）非气灭火灾：导致就地设备或者线路损坏。

（二）水灾情况

设备房、机柜、线路进水，导致设备烧毁。

 任务实施

一、恶劣天气应急处理

加强设备巡视，对设备发生的异常情况引起足够的重视，及时反馈，采取各种手段进行处理抢修，尽可能将影响减小。

根据现场实际情况，停止相关危险作业，设施设备损坏时，应及时与调度联系，告知故障设备的影响范围和后果。

二、水灾、火灾后的设备故障处理

（一）水灾后设备故障处理

加强受灾车站的设备巡查，查看设备房、机柜、线路桥架、就地设备的进水情况，如发现有进水情况，及时将有关设备断电，采取措施，降低设备损失。统计设备损坏情况，更换故障设备，恢复系统的正常工作。

（二）火灾后设备故障处理

1. 气灭房火灾后处理

到场后，及时启动气灭喷气现场处置方案，确认气灭设备状态，做好其余气灭房间的安全工作，查询并备份历史记录，复位现场设备，做好气灭喷气原因分析。原因分析清楚后，更换气瓶，恢复气灭保护。

2. 非气灭房火灾处理

到场后，及时启动火灾工况现场处置方案，待火灾扑灭后，恢复现场 FAS 火警信息及相关联动设备，查询并备份相关历史记录。查看现场设备损坏情况，抢修故障设备，尽快使系统恢复到正常状态。

三、注意事项

维护人员在进行恶劣天气、水灾、火灾后的设备故障处理时，首先要保证自己的人身安全，特别要注意防止触电事故的发生，首先应将设备进线电源切除，同行人员要做好监护工作。

 **任务评价**

根据以上学习内容，评价自己对本任务内容的掌握程度，在下表相应空格里打"√"。

评价内容	差	合格	良好	优秀
对恶劣天气下故障的确认，汇报和处理				
对水灾、火灾情况下的现场设备的确认，汇报和处理				
学习中存在的问题或感悟				

 # 任务二　设备类突发事件

案例一　气灭就地控制箱 REL 故障应急处理

一、故障概况

（1）设备名称：气灭系统。
（2）事件现象：运营期间，变电控制室气灭就地控制盘报 REL 故障。
（3）影响程度与等级：在故障恢复期间，该气灭保护区暂时失去气灭保护。

二、故障处理经过简介

（一）信息获得

某月某日，城隍庙站车控室值班员听到气灭主机有报警声音，查看气灭主机信息发现变电控制室 REL 故障，随即赶往现场进行查看，现场发现就地控制箱液晶屏显示 REL 故障。车站值班员立即向 OCC 调度报告，FAS 值班人员得到调度下发的信息后立刻赶往现场处置。

（二）先期故障判断及准备内容

FAS 维护人员接报后先期预判可能由下列几种原因造成。
（1）REL 面板故障。
（2）REL 主板故障。
（3）其他异常情况引发。
故障处理准备内容包括：万用表、手持台、个人工器具等。

（三）故障现象确认及初步诊断

FAS 专业人员到达现场，首先对气灭主机进行故障确认，查看气灭主机与图形工作站历史记录信息及现场 REL 箱状态，确认变电控制室气灭就地控制盘报 REL 故障。

（四）故障实际查找过程及确认

在运营期间，首先将该 REL 箱打在手动状态，并将该气灭房对应的管路和电磁阀拆下，保证气灭安全。等晚上收车之后，故障处理人员携带 REL 面板和主机到场处理，更换面板之后，故障消失。测试探测器启动和手动紧急启动之后，功能正常，故障恢复。

三、原因分析

（一）故障产生的直接原因与逻辑分析

REL 箱面板内部故障导致气灭主机和现场就地控制盘报 REL 故障。

（二）故障直接原因产生因素分析

REL 箱面板本体故障。

四、案例处理优化分析

（一）案例处理过程中的错误

FAS 故障处理人员在更换完面板后，故障信息消失。没有进行火警功能测试，直接恢复气灭管路，存在安全隐患。

（二）过程优化步骤

气灭 REL 箱更换完内部卡件后，需要进行功能性测试，确保功能完整。

五、专家提示

（一）此类事件处理的关键步骤

处理人员应第一时间到达现场，确认故障影响范围和程度，切除气灭管路，确保安全。更换部件并进行功能测试后，重新恢复气灭保护。

（二）其他提示

处理气灭 REL 故障，需要在运营结束后进行。

六、预防措施

在平时对气灭系统的检修过程中，必须严格按照作业流程，首先做好气灭系统管路切除工作，保证作业安全。维护人员必须熟练掌握气灭系统原理，在日常的培训中，注重对气灭 REL 箱卡件更换实操的练习，一旦发现异常情况，可以从容处理。

七、讨论思考题

本案例为气灭 REL 箱故障处理：在气灭 REL 本体故障后，如果该气灭房间发生火灾，还能用什么方法用启动气灭进行灭火？

案例二　FAS 联动相关机电设备突发事件

一、故障概况

（1）设备名称：FAS 系统。

（2）故障现象：在车站运营期间，站厅站台公共区照明切非。

（3）故障影响程度与等级：运营期间站厅站台公共区照明切非，导致车站照明变暗，对客运服务造成较大影响。

二、故障处理经过简介

（一）信息获得

某月某日，某车站站厅站台公共区正常照明突然停止，只剩应急照明继续工作，车站照度不足，明显偏暗。车控室值班员听到 FAS 主机有报警声音，查看 FAS 主机有延时照明切非的监管信息。车站值班员立即向 OCC 调度报告车站公共区照明切非。FAS 值班人员得到调度下发的信息后立刻赶往现场进行处置。

（二）先期故障判断及准备内容

FAS 维护人员接报后先期预判可能由下列几种原因造成。

（1）人为误按 IBP 盘照明切非按钮。

（2）FAS 切非模块故障导致继电器动作。

（3）400 V 开关柜本体故障。

故障处理准备内容包括：万用表，手持台，个人工器具等。

（三）故障现象确认及初步诊断

FAS 专业人员到达现场，首先对 FAS 主机进行查看，查看图形工作站历史记录信息，查看延时切非模块故障，并有延时切非成功的反馈信息，两条信息的时间相差 2 s，初步确认切非由 FAS 输出模块引起。

（四）故障实际查找过程及确认

查看现场模块箱中切非模块，发现延时模块对应的继电器指示灯亮，用万用表测量输出模块输出电压有 24 V，确认切非是由模块输出引起。重新更换输出模块后，输出电压消失，继电器内部触点脱开。后联系供电专业将 400 V 开关柜恢复照明供电。

三、原因分析

（一）故障产生的直接原因与逻辑分析

公共区照明延时切非输出模块故障，异常输出 24 V 电压，导致公共区照明切非。

（二）故障直接原因产生因素分析

FAS 输出模块故障失效表现认识不足，在平时巡检中，要加强对输出模块故障的重视程度，特别是 AFC 闸机、切非等重要模块。

四、案例处理优化分析

（一）案例处理过程中的错误

FAS 故障处理人员在事件发生后，未能及时将故障模块进行隔离，未能及时通知供电专业人员来现场复位送电，导致故障恢复时间延长。

（二）过程优化步骤

发生该故障后，处理人员应立即将现场情况报给工班长和专业工程师，在原因未调查清楚前，不能轻易判断原因。

五、专家提示

(一) 此类事件处理的关键步骤

处理人员应第一时间到达现场，确认故障影响范围和程度，及时联系相关专业进行复位。备份事件发生记录，待专业组分析原因。

(二) 其他提示

在运营期间遇到暂时不能处理的，根据先通后复原则，应将相关设备接口断开，及时复位联动设备，待晚上收车后进行处理。

六、预防措施

在日常的培训中，加强对此类突发故障的练习，注重对接口设备相关知识的学习，掌握接口类型。保证一发现异常情况，可以从容处理。

七、讨论思考题

本案例为 FAS 联动机电设备突发事件处理，请问：在该事件后，FAS 系统还能进行正常联动吗？

任务三　人为原因突发事件

案例一　BAS PLC 控制器程序丢失

一、故障概况

(1) 设备名称：PLC 控制器。
(2) 事件现象：BAS 年检时，PLC 控制器程序丢失。
(3) 影响程度与等级：在故障恢复期间，该站内部分或所有机电设备无法监控。

二、故障处理经过简介

(一) 信息获得

某月某日，BAS 专业人员在海晏北路站做 BAS 年度检修，在进行 PLC 控制器冗余切换的过程中，不小心将两台 PLC 都断电，PLC 控制器程序丢失。

(二) 先期故障判断及准备内容

(1) 某日某时，BAS 检修人员在做 PLC 控制器冗余切换，因为人为失误造成 PLC 控制器程序丢失。
(2) BAS 维护员作出初步判断：有可能造成 PLC 存储卡备份程序丢失。
(3) 需准备专用的笔记本电脑、对应站、机柜 PLC 程序、数据线，准备到达现场后连接、下载 PLC 程序，以尽快恢复设备。

（三）故障现象确认及初步诊断

BAS 专业人员迅速对 PLC 控制器恢复供电，发现两台 PLC 控制器的 RUN 指示灯、I/O 指示灯都显示 OFF 状态，判断 PLC 程序未运行。

（四）故障实际查找过程及确认

在车控室综合监控画面上查看 BAS 相关监控设备，发现 BAS 有监控设备都显示蓝色通信中断，因此确定 PLC 控制器程序丢失。

三、原因分析

故障产生的直接原因与逻辑分析：由于 2 台 PLC 控制器都断电，且 PLC 的蓄电池未投上，造成 PLC 存储卡里的程序也丢失。

四、案例处理优化分析

（一）案例处理的优化解决方案

此次故障是由于检修人员操作失误造成的 PLC 控制器程序丢失。

（二）故障正确处理的方式方法及关键步骤

（1）检修人员发现 PLC 控制器程序丢失，立即执行《PLC 控制器程序丢失应急响应方案》，向中心值班汇报，告知专业工程师和工班长。

（2）BAS 抢修人员带好抢修工器具及 BAS 移动工作站赶往故障现场。

（3）抢修人员用 BAS 移动工作站连接 PLC，将原先备份程序下装到 PLC 控制器中。

（4）PLC 控制器下装程序后，RUN 指示灯显示绿灯，且两台 PLC 的冗余也恢复正常。

五、专家提示

（一）此类事件处理的关键步骤

检修人员发现 PLC 程序丢失，第一时间向中心值班汇报，响应相关应急处理方案。抢修人员应第一时间到达现场，恢复丢失程序。

（二）其他提示

检修人员应严格遵守相关检修规程及作业流程，减少因检修造成故障的可能性。

六、预防措施

PLC 控制器供电除了供应正常市电之外，还有蓄电池供电，用于保护 PLC 存储卡程序，平时巡检检修，需关注电池指示灯，灭灯表示蓄电池正常，报红灯表示无蓄电池或蓄电池电量已耗光。

七、讨论思考题

本案例为 PLC 程序丢失故障：说出 PLC 程序下装的步骤和注意事项。

模块训练

 任务训练单

班级：　　　　　　姓名：　　　　　　训练时间：

任务训练单	半自动售票机相关作业
任务目标	掌握自然灾害类突发事件确认、汇报及处理作业流程，能进行设备类和人为类突发事件的处理
任务训练	请从下列任务中选择其中的两个进行训练：REL 面板更换，REL 主板更换，PLC 程序上载，FAS 输出模块及继电器更换

任务训练一：

（说明：总结作业流程，并在实训室进行实操训练或者上机在模拟软件上完成实操训练）

任务训练二：

（说明：总结作业流程，并在实训室进行实操训练或者上机在模拟软件上完成实操训练）

任务训练的其他说明或建议：

指导老师评语：

任务完成人签字：　　　　　　日期：　　年　　月　　日

指导老师签字：　　　　　　日期：　　年　　月　　日

模块小结

　　本模块讲述了掌握自然灾害类突发事件的类型，事件的确认、汇报及处理作业流程，同时，本模块介绍了设备类突发事件和人为突发事件的相关案例，常见的突发事件包括 FAS 联动相关机电设备、气灭 REL 故障、BAS 系统 PLC 控制器程序丢失的应急处理等。

模块自测

一、简答题

1. 简述 BAS 系统 PLC 控制器程序丢失的应急处理。
2. 简述 REL 箱故障的处理流程。
3. 简述 FAS 联动相关机电设备的处理流程。

火灾报警系统（FAS）与环境监控系统（BAS）维护员初级育人标准

业务模块	工作事项	业务活动	技能要求	知识和规章要求	培训方法及课时	经验要求
一、工作交接	出/退勤	1.办理出/退勤手续； 2.着装规范、备品齐全； 3.确认命令通知及作业注意事项； 4.领、还工器具备品； 5.填写工作日志； 6.汇报当班的故障闭环情况	1.1 能按规定办理出勤手续； 1.2 能按规定办理退勤手续； 2.1 着装规范，按规定穿着着装维修服； 2.2 根据当班工作内容准备工器具和备品备件； 3.1 能确认当班工作任务及备品内容； 3.2 能根据作业内容熟练掌握请点、销点流程； 3.3 作业前能进行安全预想和应急措施，不违章作业； 4.1 能按规定领用工器具和备品备件； 4.2 能按规定对更换的故障品进行登记； 5.1 能按规定填写工作日志； 6.1 能按规定汇报当班的故障闭环情况	1.相关规章： 《自动化中心值班制度》——第4条填写值班日志，第七条履行签字手续	1.教学重点：FAS&BAS维护员出退勤作业内容及注意事项； 2.教学方法：讲授、现场演示、情景模拟等； 3.培训资料：规章、视频、教材等； 4.课时：理论5；实操5	1.培训练习要求：独立掌握出/退勤、工器具领用，请销点作业流程，并能按照要求独立完成各项作业内容，独立上岗时间作业积累 168 h，独立完成出/退勤 21次； 2.工作经验要求：六个月以上的实际工作经验
	交接班作业	1.对当班情况检查，完成交接工作； 2.核实当期故障闭环情况； 3.遗留问题的情况跟踪； 4.故障跟踪记录，填写故障跟踪表； 5.发现带故障号的通知带相关人员的去处理； 6.填写工作并交接班交接记录本	1.1 当班人员提前 15 min 准备交接工作； 1.2 接班人员能对当班工作完成情况进行检查； 2.1 接班人员向当班人员核实当期故障闭环情况； 3.1 当班人员对遗留问题情况进行交接； 3.2 接班人员对遗留问题继续跟踪处理、闭环； 4.1 当班人员按规定填写故障跟踪记录； 4.2 能按规定填写故障跟踪表，	1.相关规章： 《自动化中心值班制度》——第3条故障跟踪	1.教学重点：FAS&BAS维护员工作交接作业的内容和注意事项； 2.教学方法：课堂讲授，现场情景模拟等； 3.培训形式：现场讲授，现场实操和理论讲解； 4.课时：理论5；实操5	1.培训练习要求：掌握交接班作业流程，并能按照要求独立完成各项作业内容，独立值班时间累积 168 h，独立完成交接验7次； 2.工作经验要求：六个月以上的实际工作经验

续表

业务模块	工作事项	业务活动	技能要求	知识和规章要求	培训方法及课时	经验要求
一、工作交接	交接班作业		措施; 5.1 当班人员发现带故障号的，通知专业组组长，及时联系专业人员前去处理; 6.1 能按规定填写交接班记录本; 6.2 将交接班记录本交接给接班人员，交接时向接班人员强调安全作业意识和规范			
二、BAS系统操作、维护与故障案例	BAS设备操作与维护	1.确认BAS系统PLC及各模块工作状态; 2.确认BAS系统现场设备的工作状态; 3.确认各设备线缆连接情况，供电及上电; 4.确认各保险丝工作正常无熔断无断开; 5.操作PLC柜、RI/O箱，IBP盘后PLC模块、二通阀配电箱、传感器断电及上电; 6.操作BAS系统PLC冗余切换; 7.确认面上BAS系统并进行操作;	1.1 能确认BAS系统PLC工作状态; 1.2 能确认BAS系统各模块工作状态; 2.1 能确认BAS系统传感器的工作状态; 2.2 能确认BAS系统二通阀的工作状态; 2.3 能确认BAS系统流量计的工作状态; 2.4 能确认BAS系统继电器的工作状态; 3.1 能确认各线缆连接牢固; 3.2 在中级工及以上人员的指导下，用万用表测量设备供电电压; 4.1 能通过观察外观确认保险丝状态; 4.2 在中级工及以上人员的指导下，用万用表测量保险丝状态; 4.3 能确认开关电源是否工作正常;	1.相关规章: 《FAS&BAS维护员岗位标准》——3.3 FAS&BAS设备维护;《BAS故障应急处理指南》——第6条 BAS常见故障处理指南;《BAS系统操作手册》——4.4IBP盘 BAS功能;《BAS维修规程》——第4条 BAS维修周期、内容及标准;《BAS控制器冗余功能专业PLC作业指导书》——第6条作业内容及标准	1.教学重点:FAS&BAS维护员进行BAS各类设备操作、维护的技巧及注意事项; 2.教学方法:现场讲授、导师示范等; 3.培训形式:现场讲授、实操演示; 4.课时:理论22;实操20	1.培训练习要求:在实际工作或现场模拟练习5到10次，掌握BAS设备基本操作，初步掌握各BAS系统设备各项作业流程，并能按照要求完成各项基本操作; 2.工作经验要求:六个月以上实际工作经验，能独立完成BAS设备的基本操作，并能协助完成BAS系统检修作业

续表

业务模块	工作事项	业务活动	技能要求	知识和规章要求	培训方法及课时	经验要求
二、BAS系统操作、维护与故障案例	BAS设备操作与维护	8. 启动IBP盘上BAS相应火灾通风模式； 9. 发现设备异常，正确填报报警及时上报的工作； 10. 掌握车站级BAS系统工作原理、系统结构、各部件组成及与其他专业的接口； 11. 完成相关账务的记录； 12. 完成BAS系统的日常巡检； 13. 完成PLC冗余功能测试； 14. 发现现场设备异常，正确填报报警及时上报	5.1 在中级工及以上人员的指导下，对PLC柜进行断电和上电； 5.2 在中级工及以上人员的指导下，对RI/O箱进行断电和上电； 5.3 在中级工及以上人员的指导下，对二通阀配电箱进行断电和上电； 5.4 在中级工及以上人员的指导下，对传感器进行断电和上电； 6.1 在中级工及以上人员的指导下，对BAS系统综合监控界面上PLC冗余进行切换； 7.1 确认综合监控设备的工作状态是否正常，系统所监控的工作状态是否正常； 7.2 在中级工及以上人员的指导下，在综合监控界面对BAS监控设备进行操作； 8.1 在中级工及以上人员的指导下，启动IBP盘上BAS相应火灾模式； 8.2 在中级工及以上人员的指导下，对IBP盘上与综合监控模式进行核对验证； 9.1 正确填报相关故障记录； 9.2 做好故障报警的及时上报； 10.1 能掌握车站级BAS系统工作原理、系统结构、各部件组成及与其他专业的接口； 11.1 能完成相关账务的记录； 12.1 能完成日常巡检； 12.2 能完成BAS系统通信接口和远程I/O模块的日常巡检； 12.3 能完成BAS系统现场设备日常巡检； 13.1 在中级工及以上人员的指导下，完成PLC冗余功能测试； 14.1 正确填报相关故障记录； 14.2 做好故障报警的及时上报工作			

续表

业务模块	工作事项	业务活动	技能要求	知识和规章要求	培训方法及课时	经验要求
二、BAS系统操作、维护与故障案例	BAS系统故障案例	1. 查看现场情况及PLC的报警信息； 2. 查看PLC各指示灯及液晶屏状态； 3. 确认各通信网线、光纤是否有断裂，连接是否可靠； 4. 判断PLC及模块的指示灯是否正常； 5. 确认故障模块； 6. 查看BAS命令是否下发； 7. 确认各接线及通信是否正常；	1.1 能在综合监控工作站上查看PLC冗余报警信息； 1.2 能在现场确认PLC的冗余失效报警信息； 2.1 能查看PLC的处理器模块指示灯及液晶屏状态； 2.2 能查看PLC的以太网通信模块指示灯及液晶屏状态； 2.3 能查看PLC的冗余模块指示灯及液晶屏状态； 3.1 能确认各通信网线是否有断裂，连接是否可靠； 3.2 能确认光纤等线缆是否有断裂，连接是否牢固； 3.3 能查看PLC柜供电是否正常； 4.1 能判断PLC的处理器模块指示灯是否正常； 4.2 能判断PLC的网络通信模块指示灯是否正常； 4.3 能判断PLC的冗余模块指示灯是否正常； 5.1 能确认故障模块 6.1 能确认BAS命令是否下发； 7.1 能确认各接线及通信是否正常	1.相关规章： 《BAS故障应急处理指南》——第6条BAS常见故障及处理指南；《BAS专业作业指导书》；《BAS故障应急处理指南》第6条作业内容及标准；《BAS故障应急处理指南》——6.1 BAS系统故障处理（1）4.1 PLC控制器CPU模块检修，（2）4.3网络通信模块检修；《BAS故障应急处理指南》——6.3 PLC控制器故障应急处理工程；《BAS维修规程》；《BAS故障应急处理指南》——（1）6.2维修作站应急处理，（2）6.2控制器I/O模块故障导致通信模块及远程工程（3）6.7远设备参数及设备状态显示异常	1. 教学重点是FAS&BAS维护员处理BAS系统故障的技巧及其注意事项； 2. 教学方法主要是现场讲授、导师示范等； 3. 培训形式是：现场讲授、实操演示。实操件，要求有培训相关的材料和课时：实操演示； 4. 课时：理论8；实操8；	1. 培训练习或者现场模拟练习5到10次，掌握BAS设备基本操作，初步掌握各BAS系统设备各项作业完成流程，并能按照要求完成各项基本操作； 2. 工作经验要求：六个月以上实际工作经验，能独立完成BAS设备的操作，并能协助完成BAS系统检修作业
三、FAS系统操作、维护与故障案例	FAS设备操作与维护	1. 确认FAS主机火灾、故障、监管和屏蔽信息； 2. 操作FAS主机对现场设备激活、恢复、屏蔽、释放和火灾报警测试；	1.1 能确认FAS主机火灾、故障、监管和屏蔽； 2.1 能操作FAS主机对现场设备激活、恢复、屏蔽、释放和火灾报警测试； 3.1 能查看FAS图形工作站火灾、故障、监管、屏蔽信息，以及历	1.相关规章： 《FAS及气灭维修规程》——FAS部分；《FAS及气灭灭火系统操作手册》——FAS部分；《消防电话系统测试作业指导书》；《火灾手动报警按钮维护作业指导书》；《探测器维护作业指导书》；《模块测	1. 教学重点：FAS各类设备维护进行FAS及维护的技巧及其注意事项； 2. 教学方法：实操； 3. 培训形式：现场讲授及实操；	1. 培训练习或者现场模拟练习5到10次，掌握FAS系统设备基本操作，初步掌握各FAS系统设备各项作业完成要求，并能按照要求完成各项基本操作；

续表

业务模块	工作事项	业务活动	技能要求	知识和规章要求	培训方法及课时	经验要求
三、FAS 系统操作、维护与故障案例	FAS 设备与操作维护	3. 查看 FAS 图形工作站火警、故障、监管和屏蔽信息，以及历史记录的查询； 4. 确认 FAS 与图形工作站的通信状态； 5. 确认 FAS 主机主备电工作状态； 6. 操作消防电话测试工作； 7. 确认 24V 消防电源正常状态和故障状态； 8. 确认现场模块、手报、消防栓按钮和探测器的工作状态； 9. 确认现场继电器的工作状态； 10. 掌握车站级 FAS 系统工作原理、系统结构及和其他专业的接口； 11. 完成 FAS 系统的日常巡检； 12. 完成相关记录的记账； 13. 完成 FAS 计划检修作业； 14. 掌握 FAS 故障处理能力	3.1 能查看历史记录的查询； 4.1 能确认 FAS 与图形工作站的通信状态； 5.1 能确认 FAS 主机主备电工作状态； 6.1 能操作消防电话测试； 7.1 能确认 24V 消防电源正常状态和故障状态； 8.1 能确认现场模块、手报、消防栓按钮的工作状态； 9.1 能确认现场继电器的工作状态； 10.1 能基本掌握车站级 FAS 系统工作原理、系统结构； 10.2 能了解 FAS 与本中心各专业的接口； 11.1 能完成 FAS 系统的日常巡检； 12.1 能完成巡检记录本的记录； 12.2 能在中级工及以上人员指导下完成作业记录本的记录； 13.1 能完成日常巡检； 13.2 能完成消防泵启动、消防电话功能性测试； 13.3 能在中级工的指导下完成 FAS 系统的年检； 14.1 能独立完成简单故障的处理； 14.2 能在中级工及以上人员指导下处理难度较大故障能力	试作业指导书；《FAS 消火栓按钮测试作业指导书》；《FAS 联动测试作业规程》——（1）5 及气灭系维修作业内容和方法；（2）6 附录说明；《FAS 及气灭系统操作手册》——5 FAS 系统、《FAS 及气灭系作业指导书》《消防电话系统测试作业指导书》；《FAS 及气灭系统测试作业指导书》——《手动报警按钮操作作业指导书》——《FAS 及气灭系统维护作业指导书》——《探测器维护作业指导书》；《FAS 及气灭系统测试作业指导书》；《模块测试作业指导书》；《FAS 及气灭系统测试作业指导书》——《FAS 及气灭系统灭火栓测试作业指导书》；消火栓泵启动测试作业指导书；《FAS 设备故障处理指南》和《自动化中心设备设施故障汇编》——FAS 部分；	要求有 FAS 系统培训平台；4.课时：理论 16；实操 16	2.工作经验要求：六个月以上的实际工作经验，能独立完成 FAS 设备的基本操作，并能协助完成 FAS 系统检修作业

续表

业务模块	工作事项	业务活动	技能要求	知识和规章要求	培训方法及课时	经验要求
三、FAS系统操作、维护与故障案例	FAS系统故障案例	1. 确认FAS主机瘫痪	1.1 能确认FAS主机面板上主电源指示灯状态； 1.2 能确认FAS主机有无主机故障信息； 1.3 能确认FAS主机CPU卡指示灯工作状态； 1.4 能确认FAS主机有无机程序错误信息； 1.5 能确认车站ISCS与FAS系统通信状态； 1.6 能在中级工的指导下，对设备进行操作，及时地报现场情况； 1.7 能按规定准确、及时地报现场情况	1.相关规章：《施工安全管理规定》——（1）7施工组织；（2）10施工规程；《FAS及气灭维修规程》——（1）5作业内容和方法；（2）6作业说明"；《FAS及气灭系统操作手册》——5 FAS系统附录信息；《FAS及气灭故障处理指南》——6 FAS专业故障处理指南；《FAS专业设备故障现场处置方案》——（1）3应急处置，（2）4应急保障	1.教学重点：FAS&BAS维护员处理FAS系统故障的技巧及其注意事项； 2.教学方法：现场讲授及实操； 3.培训形式：现场FAS系统培训平台； 4.课时：理论4；实操4	1.培训练习要求：在实际工作或者现场模拟练习5到10次，掌握FAS设备基本操作，初步掌握FAS系统设备各项作业完成各项基本操作，并能按照要求完成各项基本操作； 2.工作经验要求：六个月以上实际工作经验，能独立完成FAS设备的基本操作，并能协助完成FAS系统检修作业
四、气灭系统操作、维护与故障案例	气灭设备操作与维护	1.确认气灭主机火警.监管.故障信息和屏蔽信息； 2.操作气灭主机对现场设备激活、屏蔽、恢复、释放和火警测试； 3.确认REL就地控制箱工作状态； 4.确认气灭与FAS主机的通信状态； 5.确认气灭双电源切换箱工作状态； 6.操作双电源切换箱的主备电切换操作； 7.确认气灭主机主备电工作状态；	1.1 能确认气灭主机火警.监管和屏蔽信息； 2.1 能操作气灭主机对现场设备激活、屏蔽、恢复、释放和火警测试； 3.1 能确认REL就地控制箱工作状态； 4.1 能确认气灭与FAS主机的通信状态； 5.1 能确认气灭双电源切换箱工作状态； 6.1 能进行双电源切换操作；备电切换操作； 7.1 能确认气灭主机主备电工作状态； 8.1 能确认辅助电源箱工作状态； 9.1 能操作气灭管路安全拆除工作；	1.相关规章：《FAS及气灭维修规程》气灭部分；《FAS及气灭系统操作手册》——气灭部分；《气灭专业安全作业指导书》；《探测器维护作业指导书》；《模块测试作业指导书》；《FAS及气灭系统》——（1）5作业说明；（2）6附录信息；《FAS及气灭系统操作手册》——6气灭系统；《FAS及气灭系统作业指导书》——气灭系统维护作业指导书；《探测器维护作业指导书》；《模块测试作业指导书》；《FAS及气灭系统》；《探测故障处理作业指导书》；《自动化中心设备故障处理指南》和《自动化中心设备故障汇编》气灭部分	1.教学重点：FAS&BAS维护员进行气灭设备、维护的技巧及其注意事项； 2.教学方法：现场讲授及实操； 3.培训形式：现场FAS系统培训平台； 4.课时：理论16；实操16 16	1.培训练习要求：在实际工作或者现场模拟练习5到10次，掌握气灭设备基本操作，初步掌握气灭系统设备各项作业完成各项基本操作，并能按照要求完成各项基本操作； 2.工作经验要求：六个月以上实际工作经验，能独立完成气灭设备的基本操作，并能协助完成气灭系统检修作业

续表

业务模块	工作事项	业务活动	技能要求	知识和规章要求	培训方法及课时	经验要求
四、气灭系统操作、维护与故障案例	气灭设备操作与维护	8. 确认辅助电源工作状态； 9. 操作拆除气灭管路工作； 10. 确认气瓶间启动气瓶和大气瓶工作状态； 11. 确认现场探测器、警铃、声光和入灯工作状态； 12. 确认气灭管路实际对应情况； 13. 确认现场气灭房内防火阀工作状态； 14. 确认气灭电磁阀和压力开关状态； 15. 掌握气灭系统工作原理，系统结构及各部件； 16. 完成气灭系统的日常巡检的记录； 17. 完成相关台账的记录； 18. 完成气灭计划维修作业； 19. 掌握气灭故障处理能力	8.1 能确认辅助电源工作状态； 9.1 能安全拆除气灭管路工作； 10.1 能确认启动瓶间和大气瓶工作状态； 11.1 能确认现场探测器、警铃、声光和入灯工作状态； 12.1 能确认气灭管路实际对应情况； 13.1 能确认气灭房内防火阀工作状态； 14.1 能确认气灭电磁阀和压力开关状态； 15.1 能基本掌握气灭系统工作原理，系统结构及各部件； 16.1 能完成气灭系统的日常巡检； 17.1 能完成巡检记录本的记录； 17.2 能在中级工及以上人员指导下完成检修作业本的记录； 18.1 能完成探测器的功能性测试； 18.2 能在中级工及以上人员指导下完成气勿入灯箱、REL箱、警铃、声光和放气勿入灯的功能性测试； 19.1 能独立完成简单故障的处理； 19.2 能在中级工及以上人员指导下处理难度较大故障的处理能力			
	气灭系统故障案例	1. 确认气灭主机维修泵； 2. 确认气灭主机和现场气瓶状态；	1.1 能确认气灭主机面板上电源指示灯状态； 1.2 能确认气灭主机有主电故障信息； 1.3 能确认气灭主机CPU卡指	1.相关规章：《施工安全管理规定》——（1）7 施工组织；《FAS及气灭维修规程》——（1）5 作业内容和方法；	1.教学重点：FAS&BAS 维护员处理气灭系统故障的技巧及其注意事项；2.教学方法：现场讲授及实操；	1.培训或练习要求：在实际工作或者现场模拟练习5到10次，掌握气灭设备基本操作，初步掌握气灭系统设备各项作业流程，

续表

业务模块	工作事项	业务活动	技能要求	知识和规章要求	培训方法及课时	经验要求
四、气灭系统操作、维护与故障案例	气灭系统操作、维护与故障案例	3.查询并记录图形工作站历史记录； 4.准确、及时地汇报现场情况； 5.复位气灭主机及现场REL重新恢复气瓶保护； 6.更换气瓶、气灭保护	示灯工作状态； 1.4 能确认气灭主机有无主机程序错误信息； 1.5 能确认气灭主机对就地设备监控状态； 1.6 能确认气灭与FAS主机中有无与气灭专业设备故障 1.7 能确认气灭与FAS系统通信状态； 1.8 能确认FAS主机中有无与气灭主机通信故障； 1.8 能在中级工的指导下，对设备进行试操作； 1.9 能按规定准确、及时地汇报现场情况； 2.1 能查询气灭主机状态，确认气灭释放信息； 2.2 现场确认气灭灭火房对应气瓶都已释放； 2.1 能查询该次喷气事件的气灭主机记录、图形工作站记录； 3.2 能备份历史记录； 4.1 能按规定准确、及时地汇报现场情况； 5.1 能复位气灭主机和现场REL箱火警； 6.1 能在中级工的指导下，协助更换喷气气瓶，恢复气灭保护	(2) 6 附录说明；《FAS及气灭系统操作手册》——6 气灭系统；《FAS及气灭设备故障处理指南》——6 气灭设备故障处理指南；《FAS专业处置方案》——(1) 3 应急保障现场处置；(2) 4 应急保障处置位置；	3.培训形式：现场讲授，要求有气灭系统培训平台； 4.课时：理论8；实操8	并能按照要求完成各项基本操作； 2.工作经验要求：六个月以上实际工作经验，能独立完成气灭设备的基本操作，并能协助完成气灭系统检修作业
五、DTS系统操作、维护与故障案例	DTS设备操作与维护	1.确认DTS主机报警及故障状态； 2.确认DTS与ISCS通信状态； 3.确认区间DTS光纤支架安装情况；	1.1 能确认DTS主机报警及故障状态； 2.1 能确认DTS与ISCS通信状态； 3.1 能确认区间DTS光纤支架安装情况；	1.相关规章：《FAS及气灭维修规程》——(1) 5 作业内容和方法；(2) 6 附录说明；《FAS及气灭系统操作手册》——DTS隧道测温系统；《FAS设备故障处理	1.教学重点：FAS&BAS维护员进行DTS各类设备、维护的技巧及其注意事项； 2.教学方法：现场讲授及实操；	1.培训或者现场模拟练习5到10次，掌握DTS设备基本操作，初步掌握DTS系统设备各项作业流程，并能按照要求完成各项基本操作；

续表

业务模块	工作事项	业务活动	技能要求	知识和规章要求	培训方法及课时	经验要求
五、DTS系统操作、维护与故障案例	DTS设备操作与维护	4. 掌握DTS系统工作原理、系统结构及各部件； 5. 完成DTS系统的日常巡检； 6. 完成相关台账的记录； 7. 完成DTS计划检修作业； 8. 掌握DTS处理能力	4.1 能基本掌握DTS系统工作原理、系统结构及各部件； 5.1 能完成DTS系统的日常巡检； 5.2 能在中级工及以上人员的指导下发现巡检中存在的问题； 6.1 能完成巡检记录本的记录； 6.2 能在中级工及以上人员指导下完成相关记录本的记录； 7.1 能独立完成DTS计划检修作业； 8.1 能独立完成简单故障的处理； 8.2 能在中级工及以上人员指导下处理难度较大故障	理指南》和《自动化中心设备设施故障汇编》——DTS部分	3. 培训形式：现场讲授，要求有DTS系统培训平台； 4. 课时：理论4；实操4	2. 工作经验要求：六个月以上实际工作经验，能独立完成DTS设备的基本操作，并能协助完成DTS系统检修作业
	DTS系统故障案例	1. 确认DTS主机第二通道的感温光纤问题；	1.1 能确认DTS主机内部故障； 1.2 能确认第二通道的感温光纤线路问题； 1.3 能确认感温光纤连接至DTS主机的尾纤问题	1.相关规章 《FAS及气灭维修规程》——（1）5作业内容和方法；（2）6附录说明；《FAS及气灭系统操作手册》——DTS楼道测温系统；《FAS设备故障处理指南》和《自动化中心设备设施故障汇编》——DTS部分	1. 教学重点：FAS&BAS维护员处理DTS系统故障的技巧及其注意事项； 2. 教学方法：现场讲授及实操； 3. 培训形式：现场讲授，要求有DTS系统培训平台； 4. 课时：理论2；实操2	1. 培训练习要求：在实际工作或现场模拟练习5到10次，掌握DTS设备基本操作，初步掌握DTS系统设备各项作业流程，并能按照要求完成各项基本操作； 2. 工作经验要求：六个月以上实际工作经验，能独立完成DTS设备的基本操作，并能协助完成DTS系统检修作业
六、门禁系统操作、维护与故障案例	门禁设备操作与维护	1. 确认门禁就地设备的工作状态； 2. 确认开关电源及保险丝的工作状态； 3. 确认机电一体化锁工作状态； 4. 确认门禁交换机工作状态；	1.1 能确认读卡器工作状态； 1.2 能确认磁力锁工作状态； 1.3 能确认出门按钮工作状态； 1.4 能确认紧急出门按钮工作状态； 2.1 能熟练使用万用表； 2.2 能使用万用表判断开关电源的工作状态；	1.相关规章 《ACS操作手册》——ACS设备操作说明；《ACS设备维修规程》——ACS作业内容及方法	1. 教学重点：门禁各类设备操作、维护技巧及其注意事项； 2. 教学方法：现场讲授及实操； 3. 培训形式：现场培训相关的材料和要求，实操演示； 4. 课时：理论16；实操16	1. 培训练习要求：在实际工作或现场模拟练习10次以上，掌握门禁设备基本操作，初步掌握门禁各项作业流程，并能按照要求完成各项基本操作； 2. 工作经验要求：六个月以上实际工作经验

续表

业务模块	工作事项	业务活动	技能要求	知识和规章要求	培训方法及课时	经验要求
六、门禁系统维护操作与故障案例	门禁设备操作与维护	5. 确认可视对讲机的工作状态; 6. 操作现场部分门就地设备的更换; 7. 操作IBP盘紧急释放操作; 8. 完成相关台账的记录; 9. 完成门禁服务器巡检; 10. 检查门禁现场控制设备是否正常; 11. 检查机电一体化锁是否正常; 12. 完成门禁工作站巡检; 13. 完成门禁控制器巡检; 14. 检查门禁就地控制箱	2.3 能使用万用表判断保险丝的工作状态; 3.1 能确认现场机电一体化锁的工作状态; 4.1 能确认门禁交换机的工作状态; 5.1 能确认可视对讲机的工作状态; 6.1 能使用螺丝刀、万用表、尖嘴钳等工器具; 6.2 能操作现场读卡器更换; 6.3 能操作出门按钮的更换; 6.4 能操作紧急出门按钮的更换; 6.5 能操作继电器的更换; 7.1 能判断紧急释放对门禁设备的影响范围; 7.2 能操作IBP盘紧急释放操作; 8.1 掌握台账记录相关内容; 8.2 能完成相关台账的记录; 9.1 掌握各服务器各指示灯的正常状态; 9.2 能检查服务器及显示器显示状态及清洁除尘; 9.3 能确认鼠标、键盘等配件功能是否正常; 10.1 能确认读卡器工作状态; 10.2 能确认磁力锁工作状态; 10.3 能确认出门按钮工作状态; 10.4 能确认紧急出门按钮工作状态; 11.1 能确认机电一体化锁工作状态;			月以上实际工作经验,能独立完成门禁设备的基本操作,并能协助完成门禁系统检修作业

续表

业务模块	工作事项	业务活动	技能要求	知识和规章要求	培训方法及课时	经验要求
六、门禁系统操作、维护与故障案例	门禁设备操作与维护		12.1 掌握检查工作站、显示屏及各配件工作状态、显示屏及各配件的正常状态； 5122 能检查工作站、显示屏及各配件正常状态和清洁除尘； 12.3 掌握检查网络通信正常状态； 12.4 能检查网络通信是否正常； 12.5 能检查各插接部分是否接触良好，线缆连接有无劈裂； 13.1 能检查控制箱、柜外观是否正常； 13.2 能确认柜内空气开关工作是否正常； 13.3 能确认门锁是否正常； 13.4 能确认控制器是否有电； 14.1 能检查控制箱外观状态及清洁除尘； 14.2 能确认门禁就地控制器是否有电			
	门禁系统故障案例	1. 确认的磁力锁失电； 2. 确认磁力锁电源回路是否正常； 3. 确认磁力锁电源供电空开是否处于合闸位置； 4. 确认主控制器故障	1.1 了解磁力锁正常工作状态； 1.2 能判断磁力锁是否正常； 1.3 能检查并确认磁力锁失电； 2.1 了解磁力锁的电源回路； 2.2 能确认磁力锁电源电源回路是否正常； 3.1 能确认磁力锁电源电供空开是否处于合闸位置； 4.1 了解门禁主控制器正常工作状态； 4.2 能确认主控制器故障	1.相关规章： 《ACS设备故障处理指南》 —磁力锁、主控制器的检修	1.教学重点：处理门禁系统故障的技巧及其注意事项； 2.教学方法：现场讲接及实操； 3.培训形式：现场讲接，实操和培训相关的材料，实操。播放视频，实操演示； 4.课时：理论4；实操4	1.培训或者现场模拟练习10次以上，掌握门禁设备基本操作，初步掌握门禁系统设备各项作业流程，并能按照要求完成各项基本操作； 2.工作经验要求：六个月以上实际工作经验，能独立完成门禁设备的基本操作，并能协助完成门禁系统检修作业

续表

业务模块	工作事项	业务活动	技能要求	知识和规章要求	培训方法及课时	经验要求
七、突发事件处理	设备类突发事件	1.FAS联动消防水泵； 2.FAS联动消防切非； 3.FAS联动AFC闸机； 4.FAS联动门禁释放； 5.FAS联动EPS强启； 6.FAS联动防火卷帘； 7.确认气灭就地控制盘故障类型 8.采取安全措施，确保气灭安全	1.1查看FAS主机，确认消防泵启动是由FAS引起； 1.2操作FAS主机，将消防水泵停泵； 1.3能及时、准确地汇报现场情况； 2.1查看FAS主机，确认400V切非由FAS引起； 2.2操作FAS主机，先隔离非联动点； 2.3能及时、准确地汇报现场情况； 3.1查看FAS主机，确认闸机释放由FAS引起； 3.2操作FAS主机，先将闸机复位； 3.3能及时、准确地汇报现场情况； 4.1查看FAS主机，确认门禁释放是由FAS引起； 4.2操作FAS主机，先隔离该门禁，再复位门禁； 4.3能及时、准确地汇报现场情况； 5.1查看FAS主机，确认EPS强启由FAS引起； 5.2操作FAS主机，先隔离EPS强启由FAS引起； 5.3能及时、准确的汇报现场情况； 6.1查看FAS主机，确认防火卷帘联动由FAS引起；	1.相关规章： 《施工管理规定》——（1）7施工安全管理；（2）10施工组织；《FAS及气灭维修规程》——（1）5作业内容和方法；（2）6附录说明；《FAS及气系统操作手册》——（1）5灭系统操作，（2）6气灭系统；FAS系统；（2）6气灭系统；《FAS及气灭故障处理指南》——6 FAS专业设备故障处理指南；《FAS及气专业设备故障现场处置方案》——（1）3应急保障处置；（2）4应急	1.教学重点：FAS&BAS维护员处理设备类突发事件的技巧及其注意事项； 2.教学方法：现场讲授及实操； 3.培训形式：现场讲授，FAS系统培训平台； 4.课时：理论7；实操7	1.培训练习要求：在实际工作或者现场模拟练习类突发事件的现场处置设备方法，掌握设备类突发事件处理流程，并能按照要求完成各项基本操作5到10次，基本掌握设备方法； 2.工作经验要求：六个月以上实际工作经验，能确认设备类突发事件状况，并能协助完成突发事件应急处理

续表

业务模块	工作事项	业务活动	技能要求	知识和规章要求	培训方法及课时	经验要求
七、突发事件处理	设备类突发事件	1.对BAS、FAS、ACS设备发生水灾的应急处理；2.对系统受到天气影响时的应急处理；3.对BAS、FAS、ACS设备发生火灾的应急处理	6.2 操作FAS主机，隔离联动输出点；6.3 能及时、准确的汇报现场情况；7.1 能查看灭主机故障信息；7.2 能查看现场REL箱故障信息；7.3 确认REL箱故障现象；8.1 根据故障现象，判断可能影响灭安全的故障，采取安全措施；8.2 能熟练的拆除对应的气灭管路；8.3 能在中级工的指导下，对设备进行操作；8.4 能按规定准确、及时地汇报现场情况			
	自然原因突发发事件		1.1 能通过巡检确认BAS系统运行状态，统计故障数量及类型；1.2 能通过巡检确认FAS及灭系统运行状态，统计故障数量及类型；1.3 能通过巡检确认ACS系统运行状态，统计故障数量及类型；1.4 发现积水影响设备安全，能及时断主电及发电；1.5 能在中级工的指导下，对设备进行操作处理；1.6 能服从现场抢险负责人员的安排；1.7 能按规定准确、及时的汇报现场情况；2.1 能通过巡检确认BAS系统运行状态，统计故障数量及类型；2.2 能通过巡检确认FAS及气	1.相关规章：《施工管理规定》——（1）7施工组织；（2）10施工安全管理；《FAS及气灭系统操作手册》；《FAS及气灭故障处理指南》；《FAS故障现场处置方案》；《BAS系统维修规程》；《BAS系统维修手册》；《BAS系统故障处理指南》；《BAS系统故障现场处置方案》；《门禁系统维修规程》；《BAS系统操作手册》；《门禁系统故障处理指南》；《门禁系统故障现场处置方案》	1.教学重点：FAS&BAS维护员突发自然原因突发事件处理的技巧及其注意事项；2.教学方法：现场讲授、导师示范等；3.培训形式：现场讲授、现场演示；4.课时：理论6；实操6；要求有培训相关的材料和课件。播放视频，实操演示。	1.培训练习要求：在实际工作或者现场模拟练习5到10次，基本掌握自然原因突发事件的现场处置方法，掌握自然原因突发事件处理流程，并能按照要求完成各项基本操作。2.工作经验要求：六个月以上实际工作经验，能确认自然原因发突发事件状况，并能协助完成突发事件应急处理

续表

业务模块	工作事项	业务活动	技能要求	知识和规章要求	培训方法及课时	经验要求
七、突发事件处理	自然原因突发事件		灭系统运行状态及类型； 2.3 能通过巡检确认 ACS 系统运行状态，统计故障数量及类型； 2.4 能服从现场抢险负责人的安排； 2.5 能在中级工的指导下，对设备进行处理； 2.6 能按规定准确、及时地汇报现场情况； 3.1 能正确判断着火设备进线电源，并能及时采取断电措施； 3.2 能正确使用灭火器进行灭火； 3.3 在气体灭保护区发生火灾，能及时启用紧急启动按钮进行灭火； 3.3 能准确判断影响的设备、线路的数量和类型； 3.4 能在中级工的指导下，对设备进行操作处理； 3.5 能服从现场抢险负责人的安排； 3.6 能按规定准确、及时地汇报现场情况；			
	人为原因突发事件	1. 确认 PLC 控制器及综合监控工作站的工作状态； 2. 确认门禁系统状态； 3. 确认 FAS 系统状态；	1.1 能确认综合监控工作站的工作状态； 1.2 能确认 PLC 控制器的工作状态； 1.3 能正确填报相关记录，并做好及时上报； 2.1 能判断磁力锁是否处于正常工作状态；	1.相关规章： 《FAS&BAS 维护员岗位标准》——3.3 FAS&BAS 设备维护；《BAS 故障应急处理指南》——第6条 BAS 常见故障及处理指南；《ACS 操作手册》——ACS 操作说明；《ACS 设备故障处理指南》——磁力锁的检修；	1.教学重点：FAS&BAS 维护员处理人为突发事件的技巧及其注意事项 2.教学方法：现场讲授及实操； 3.培训形式：现场讲授相关材料	1.培训练习或者现场模拟练习5到10次，基本掌握人为原因突发事件的现场处发原因，掌握人为事件处理流程，并能按照要求处理完成各项基本操作；

续表

业务模块	工作事项	业务活动	技能要求	知识和规章要求	培训方法及课时	经验要求
		4. 更换手报玻璃； 5. 复位后确认状态	2.2 能确认门禁系统状态； 3.1 能确认 FAS 系统状态； 3.2 能屏蔽手报火警信息； 4.1 能确认手报位置； 4.2 能更换手报玻璃；		和课件。实操演示； 4.课时：理论 6；实操 6	2.工作经验要求：六个月以上实际工作经验，能确认为原因突发事件状况，并能协助完成突发事件应急处理
七、突发事件处理	人为原因突发事件		5.1 恢复被屏蔽的手报； 5.2 能确认该手报工作状态是否正常； 5.3 能确认 FAS 主机工作状态是否正常； 5.4 能及时汇报，闭环故障	《施工管理规定》——（1）7 施工安全管理；（2）10 施工组织；《FAS 及气灭维修规程》——（1）5 作业内容和方法；（2）6 附录说明；《FAS 及气灭系统操作手册》——5 FAS 及气灭系统；《FAS 及气灭故障处理指南》——6 FAS 专业设备故障处理指南；《FAS 专业设备故障处置指南》——（1）3 应急现场处置；（2）4 应急保障		

火灾报警系统（FAS）与环境监控系统（BAS）维护员中级育人标准

业务模块	工作事项	业务活动	技能要求	知识和规章要求	培训方法及课时	经验要求
一、工作交接	出/退勤	1-6项详见初级标准	1-6项详见初级标准	详见初级	详见初级	详见初级
	交接班作业	1-7详见初级标准	1-7详见初级级标准	详见初级	详见初级	详见初级
二、BAS系统操作、维护与故障案例	BAS设备操作与维护	1-14 详见初级标准；15.操作 BAS 系统PLC，模块卡件、电池、扩展卡更换；16.操作 BAS 系统各传感器；17.操作 BAS 系统二通阀测试及更换；18.操作开关电源的更换；19.操作 BAS 系统设备接线；20.确认 BAS 系统与其他专业设备通信是否正常；21.通过 BAS 软件对机电设备进行监视控制；22.完成 BAS 系统PLC及模块半年检、年检；23.完成 BAS 部分IBP盘面 BAS 部分PLC及模块季半年检、年检；	1-14 详见初级级标准；15.1 能操作PLC卡件进行更换；15.2 能操作模块卡件进行更换；15.3 能操作 CPU 电池、扩展卡更换；16.1 能操作 BAS 系统传感器回路测试；16.2 能操作BAS系统传感器的更换；17.1 能操作 BAS 系统二通阀回路测试；17.2 能操作 BAS 系统二通阀更换；18.1 能操作开关电源的更换；19.1 能操作 BAS 模块的接线；19.2 能操作 BAS 传感器接线；19.3 能操作 BAS 系统二通阀接线；19.4 能操作 BAS 接口类硬线连接设备的接线；19.5 能操作 BAS 硬线连接设备的接线；20.1 能测试 BAS 专业设备通信是否正常；21.1 能操作 BAS 软件与 PLC 的连接；21.2 能操作 BAS 软件上传、下载至 PLC；21.3 能操作 BAS 软件对机电设备进行监控；22.1 能完成 PLC 及 I/O 模块半年检、年检；	1.相关规章：《FAS&BAS 维护员岗位标准》——3.3 FAS&BAS 设备维护《BAS 故障应急处理指南》——第 6 条 BAS 常见故障及处理指南《BAS 系统操作手册》——4.4 IBP盘 BAS 功能；《BAS 维修规程》——第 4 条 检修周期、内容及标准；《BAS 专业 PLC 控制器冗余标准》；《BAS 专业验证作业指导书》——第 6 条 作业内容及标准	1.教学重点：FAS&BAS 维护员操作 BAS 各类设备的技巧及其注意事项；2.教学方法：现场讲授、导师示范等；3.培训形式：现场讲授、要求有培训相关材料和课件。实操演示。4.课时：理论 20；实操 18	1.培训练习要求：在实际工作或者现场模拟练习 10 次以上，掌握 BAS 各设备基本操作，初步掌握 BAS 系统设备各项操作流程，并能按照要求完成各项基本操作；2.工作经验要求：三年以上实际工作经验，能独立完成 BAS 设备的基本操作，并能协助完成 BAS 系统检修作业

续表

业务模块	工作事项	业务活动	技能要求	知识和规章要求	培训方法及课时	经验要求
二、BAS 系统操作、维护与故障案例	BAS 设备操作与维护	检、完成光电转换器的周年检； 24. 完成 BAS 系统二通阀的半年检； 25. 完成 BAS 系统各传感器的半年检； 26. 完成 BAS 系统 UPS 的保养和放电功能测试； 27. 完成 IBP 盘面 BAS 部分 PLC 及模块季检、年检； 28. 完成 BAS 部分 IBP 盘面 PLC 及模块季检； 29. 完成光电转换器的周检、半年检； 30. 完成消防联动测试	22.2 能完成通信接口模块半年检； 23.1 能完成 IBP 盘面 BAS 部分 PLC 季检、年检； 23.2 能完成 IBP 盘面 BAS 部分模块季检、年检； 24.1 能完成光电转换器的周检、半年检； 25.1 能完成 BAS 系统二通阀的半年检、年检； 26.1 能按规程独立完成 BAS 系统传感器的外观检查及清洁； 26.2 能按规程独立完成 BAS 系统传感器的工作站温湿度测点的测量； 26.3 能按规程独立完成 BAS 系统传感器的检查并紧固电缆接线、BAS 系统传感器的检查独立完成 BAS 系统传感器的检查； 26.4 能按规程误差 UPS 校验； 27.1 能检查 UPS 的状态指示灯是否正常； 27.2 能检查 UPS 面板上的输入显示参数是否正常、频率、负载容量等； 27.3 能检查各种接线、接地线表面是否有老化、固无松动、表面有无破损现象； 27.4 能完成主路输入、旁路电路的测量； 27.5 能完成 BAS 系统 UPS 放电功能测试； 28.1 能完成 IBP 盘面 BAS 部分 PLC 及模块季检、年检； 29.1 能完成光电转换器的周检、半年检； 30.1 能完成年度消防联动测试； 30.2 对年度消防联动测试问题作记录； 30.3 联合其它专业对测试问题整改			

续表

业务模块	工作事项	业务活动	技能要求	知识和规章要求	培训方法及课时	经验要求
二、BAS 系统操作、维护与故障案例	BAS 系统故障案例	1-7 详见初级标准； 8. 确认 BAS 冗余失效的原因； 9. 恢复 BAS 冗余功能； 10. 确认模块是否故障； 11. 确认 BAS 网络通信模块故障原因； 12. 制作通信线缆等配件； 13. 恢复 BAS 网络通信功能； 14. 确认 BAS 网络通信失效原因； 15. 确认 PLC 及模块供电是否正常； 16. 更换故障的 PLC 模块； 17. 确认相关专业控制命令是否收到； 18. 确认故障原因； 19. 处理 BAS 故障	1-7 详见初级标准； 8.1 能确认 BAS 冗余失效的原因； 9.1 能恢复 BAS 冗余功能； 10.1 能确认 BAS 网络通信模块是否故障； 11.1 能确认 BAS 网络通信模块故障原因； 12.1 能制作通信线缆等配件； 13.1 能对 BAS 网络通信进行恢复； 14.1 能确认 BAS 网络通信失效原因； 14.2 能确认接口通信模块故障原因； 15.1 能确认模块供电是否正常； 16.1 能更换故障的 PLC 模块； 16.2 能更换故障的通信接口模块； 16.3 能更换故障模块； 17.1 能确认 BAS 接口设备供电是否正常； 18.1 能确认 BAS 接口设备发生接口故障的原因； 19.1 能处理由于 BAS 问题导致接口设备无法控制的故障	1.相关规章： 《BAS 故障应急处理指南》——第 6 条 BAS 常见故障及处理；《BAS 专业 PLC 控制器理指南；《BAS 功能验证作业指导书》冗余功能作业内容及标准；第 6 条 作业内容及标准； 《BAS 故障应急处理指南》——6.1 BAS 系统网络故障处理；《BAS 维修规程》——（1）4.1 PLC 控制器 CPU 模块检修；（2）4.3 网络通信模块检修；《BAS 故障应急处理指南》——6.3 PLC 控制器故障应急处理； 《BAS 故障应急处理指南》——（1）6.2 维修工作站应急处理；（2）6.2 控制器故障应急处理；（3）6.7 远程 I/O 模块故障导致参数及设备状态显示异常	1. 教学重点：FAS&BAS 维护员处理 BAS 系统故障的技巧及其注意事项； 2. 教学方法：现场讲接。导师示范等； 3. 培训形式：现场讲接。实操演示。要求有培训相关的材料和课件。实操演示； 4. 课时：理论 8；实操 8	1. 培训或实际工作成者现场模拟练习 10 次以上，掌握 BAS 设备基本操作，初步掌握 BAS 系统设备各项操作流程，并能按照各项要求完成各项基本操作； 2. 工作经验要求：三年以上实际完成 BAS 设备的基本操作，并能协助完成 BAS 系统检修作业

续表

业务模块	工作事项	业务活动	技能要求	知识和规章要求	培训方法及课时	经验要求
三、FAS系统操作、维护与故障案例	FAS设备操作与维护	1-9 详见初级标准； 10.掌握车站级FAS系统工作原理、系统结构、FAS系统结构及其它专业的接口； 11.详见初级； 12.完成相关台账的记录； 13.完成FAS计划修作业； 14.掌握FAS故障处理能力 15.操作FAS主机板卡的更换； 16.确认FAS与ISCS间的通信状态； 17.确认FAS主机内回路卡、通信回路卡的工作状态； 18.确认FAS双电源切换工作状态； 19.操作FAS双电源切换箱主备电切换； 20.确认蓄电池实际状态；	1-9 详见初级标准； 10.1-10.2 详见初级； 10.3 能熟练掌握车站级FAS系统工作原理、系统结构； 10.4 能熟悉FAS与其它专业的接口； 11.1 详见初级； 12.1-12.2 详见初级； 12.3 能独立完成检修作业记录本的记录； 13.1-13.2 详见初级； 13.3 能完成FAS系统季检、FAS消防联动测试； 13.4 能配合完成年度消防第三方检测； 14.1-14.2 详见初级； 14.3 能独立处理处理难度较大的故障 15.1 能操作FAS主机板卡的更换； 16.1 能确认FAS与ISCS间的通信状态； 17.1 能确认FAS主机内回路卡、通信卡的工作状态； 18.1 能确认FAS双电源切换箱工作状态； 19.1 能操作FAS双电源切换箱主备电切换； 20.1 能确认蓄电池实际状态； 21.1 能操作蓄电池的更换； 22.1 能确认消防电话的正常状态和不在线状态； 23.1 能确认空气采样主机工	1.相关规章： 《FAS及气灭维修规程》——FAS部分；《FAS及气灭系统操作手册》——FAS部分》；《消防电话系统测试作业指导书》；《手动报警按钮作业指导书》；《探测器维护作业指导书》；《模块测试作业指导书》；《FAS消火栓按钮测试作业指导书》；《FAS联动测试作业指导书》；《FAS及气灭维修规程》——（1）5 作业内容和方法；（2）6附录说明；《FAS及气灭系统操作手册》——5 FAS系统；《FAS及气灭系统作业指导书》中《消防电话系统测试作业指导书》；《FAS及气灭系统作业指导书》中《手动报警按钮作业指导书》；《FAS及气灭系统作业指导书》中《探测器维护作业指导书》；《FAS及气灭系统作业指导书》；《FAS及气灭系统测试作业指导书》；《FAS消火栓按钮测试作业指导书》；《FAS设备故障处理指南》——《自动化中心设备设施故障汇编》——FAS部分	1.教学重点：FAS&BAS维护员进行FAS各类设备、维护的技巧及其注意事项； 2.教学方法：现场讲授及实操； 3.培训形式：现场讲授，要求有FAS系统培训平台； 4.课时：理论14；实操14	1.培训练习要求：在实际工作或者现场模拟练习5到10次，掌握FAS设备的基本操作，掌握FAS系统设备各项作业流程，并能按照要求完成各项操作； 2.工作经验要求：三年以上实际工作经验，能独立完成FAS设备操作，并能独立完成FAS系统检修作业

续表

业务模块	工作事项	业务活动	技能要求	知识和规章要求	培训方法及课时	经验要求
	FAS设备操作与维护	21. 操作蓄电池的更换； 22. 确认消防电话的正常状态； 23. 确认空气采样主机工作状态； 24. 操作空气采样主机内部卡件的更换； 25. 操作现场模块、手报、消火栓按钮和探测器的更换	21. 操作蓄电池的更换； 22. 确认消防电话的正常状态、故障状态和不在线状态； 23. 确认空气采样主机工作状态； 24.1 能操作空气采样主机内部卡件的更换； 25.1 能操作现场模块、手报、消火栓按钮和探测器的更换			
三、FAS系统操作、维护与故障案例	FAS系统故障案例	1-4 详见初级标准； 5. 判断故障类型，更换故障部件； 6. 配合厂家对程序维护	1-4 详见初级标准； 5.1 对故障气灭主机进行处理时，能做好安全预想和应急处理措施； 5.2 故障为程序错误，能重启气灭主机； 5.3 故障为回路卡故障，能更换气灭回路卡； 5.4 故障为电源板故障，能更换气灭电源板； 5.5 故障为主机CPU板卡故障，能更换主机CPU板卡； 5.6 能更换气灭蓄电池； 6.1 能配合厂家对程序进行维护操作； 6.2 能确认气灭主机工作状态	1.相关规章： 《施工管理规定》——（1）7 施工安全管理；（2）10 施工规程； 《FAS及气灭维修规程》——（1）5 作业内容和方法；（2）6 附录说明；《FAS及气灭系统操作手册》——6 气灭系统；《FAS气灭故障处理指南》——6 气灭；及气灭设备故障处理指南；《FAS专业设备故障现场处置方案》——（1）3 应急处置；（2）4 应急保障	1.教学重点：FAS&BAS维护员处理FAS系统故障的技巧及其注意事项； 2.教学方法：现场讲授及实操； 3.培训形式：现场讲授；要求有FAS系统培训平台； 4.课时：理论4；实操4	1.培训练习要求：在实际工作或者现场模拟练习5到10次，掌握FAS设备的基本操作，掌握FAS系统设备各项作业完成，并能按照要求完成各项操作，流程，并能按照要求完成各项操作； 2.工作经验要求：三年以上实际工作经验，能独立完成FAS设备操作，并能独立完成FAS系统检修作业

续表

业务模块	工作事项	业务活动	技能要求	知识和规章要求	培训方法及课时	经验要求
四、气灭系统操作与故障维护案例	气灭设备操作与维护	1-14 详见初级标准; 15.掌握气灭系统工作原理，系统结构及各部件; 16.详见初级 17.完成相关台账的记录; 18.完成气灭计划修作业; 19.掌握气灭故障处理能力; 20.操作气灭主机内部板卡的更换; 21.操作 REL 箱内各部件的更换; 22.确认气灭主机内回路卡、通信卡的工作状态; 23.确认蓄电池实际状态;	1-14 详见初级标准; 15.1 能熟练掌握气灭系统工作原理，系统结构及各部件; 16.1-17.1 详见初级 17.2 能完成检修作业记录本的记录; 18.1-18.2 详见初级; 18.3 能完成气灭消防联动测试; 18.4 能配合完成年度消防第三方检测; 19.1-19.2 详见初级; 19.3 能独立处理难度较大故障; 20.1 能操作气灭主机内部板卡的更换; 21.1 能操作 REL 箱内各部件的更换; 22.1 能确认气灭主机内回路卡、通信卡的工作状态; 23.1 能确认蓄电池实际状态	1.相关规章: 《施工管理规定》——(1)7 施工安全管理;(2)10 施工维修规程; 《FAS 及气灭维修规程》——(1)5 作业内容和方法;(2)6 附录说明; 《FAS 及气灭系统操作手册》——6 气灭系统;《FAS 及气灭故障处理指南》——6 气灭设备故障处理指南;《FAS 专业设备故障现场处置方案》——(1)3 应急处置;(2)4 应急保障	1.教学重点：FAS&BAS 维护员进行气灭各类设备、维护的技巧及其注意事项; 2.教学方法：现场讲授及实操; 3.培训形式：现场讲授，要求有 FAS 系统培训平台; 4.课时：理论 13；实操 13	1.培训练习要求：在实际工作或现场模拟练习 5 到 10 次，掌握气灭设备基本操作，掌握气灭系统各项作业完成流程，并能按照要求完成各项操作; 2.工作经验要求：三年以上实际完成气灭设备的操作，并能独立完成气灭系统检修作业
	气灭系统故障案例	1-5 详见初级标准; 6.更换已喷气的气瓶，重新恢复气灭保护; 7.初步分析误...	1-5 详见初级标准; 6.1 能更换已喷气的气瓶，恢复气灭保护; 7.1 能初步分析误喷原因; 8.1 对故障气灭主机进行处理时，能做好安全预想和应急处理措施;	1.相关规章: 《施工管理规定》——(1)7 施工安全管理;(2)10 施工维修规程; 《FAS 及气灭维修规程》——(1)5 作业内容和方法;(2)6 附录说明; 《FAS 及气灭系统操作手册》——6 气灭系统;《FAS	1.教学重点：FAS&BAS 维护员处理气灭系统故障的技巧及其注意事项; 2.教学方法：现场讲授及实操; 3.培训形式：现场讲授，要求有气灭系统培训平台;	1.培训练习要求：在实际工作或现场模拟练习 5 到 10 次，掌握气灭设备基本操作，掌握气灭系统各项作业完成要求完成

续表

业务模块	工作事项	业务活动	技能要求	知识和规章要求	培训方法及课时	经验要求
四、气灭系统操作、维护与故障案例	气灭系统故障案例	喷发原因；8.判断故障类型，更换故障部件；9.配合厂家对程序维护	8.2 故障为程序错误，能重启气灭主机；8.3 故障为回路卡故障，能更换气灭回路卡；8.4 故障为电源板故障，能更换气灭电源板；8.5 故障为主机 CPU 板卡导致，能更换主机 CPU 板卡；8.6 能更换气灭主机蓄电池；9.1 能配合厂家对程序进行维护操作；9.2 能确认气灭主机工作状态	及气灭故障处理指南》——6 气灭设备故障现场处置方案；（1）3 应急处置；（2）4 应急保障	4.课时：理论 7；实操 7	各项操作；2.工作经验要求：三年以上实际工作经验，能独立完成气灭设备的操作，并能独立完成气灭系统检修作业；
五、DTS 系统操作、维护与故障案例	DTS 设备操作与维护	1-3 详见初级标准；4.掌握 DTS 系统工作原理，系统结构及各部件；5.详见初级；6.完成相关台账的记录；7.完成 DTS 计划检修作业；8.掌握 DTS 处理能力；9.确认 DTS 主机火灾报警状态和报警位置；	1-3 详见初级标准；4.1 能熟练掌握 DTS 系统工作原理，系统结构及各部件；5.1 详见初级；6.1-6.2 详见初级；6.3 能独立完成检修作业记录；7.1 能独立完成 DTS 计划检修作业；7.2 能完成 DTS 区域情况检查；8.1-8.2 详见初级；8.3 能独立处理难度较大故障能力；9.1 能确认 DTS 主机火灾报警状态和报警位置	1.相关规章：《FAS 及气灭维修规程》——（1）5 作业内容和方法；（2）6 气灭作业说明；《FAS 及气灭系统操作手册》——DTS 隧道测温系统；《FAS 设备故障处理指南》和《自动化中心设备设施故障汇编》——DTS 部分	1.教学重点：FAS&BAS 维护员进行 DTS 各类设备、维护的技巧及其注意事项；2.教学方法：现场讲授及实操；3.培训形式：现场 DTS 系统培训平台；4.课时：理论 4；实操 4	1.培训练习要求：在实际工作或者现场模拟练习 5 到 10 次，掌握 DTS 设备基本操作，掌握 DTS 系统设备各项要求并完成各项操作；2.工作经验要求：三年以上实际工作经验，能独立完成 DTS 设备的操作，并能完成基本 DTS 设备检修作业；
	DTS 系统故障案例	1.详见初级标准；2.掌握光纤熔接能力；	1.详见初级标准；2.能熔接断裂的光纤；9.1 能确认 DTS 主机火灾报警位置	1.相关规章：《FAS 及气灭维修规程》——（1）5 作业内容和方法；（2）6 气灭作业说明；《FAS 及气灭系统操作手册》——DTS 隧道测温系统；《FAS 设备故障处理指南》和《自动化中心设备设施故障汇编》——DTS 部分	1.教学重点：FAS&BAS 维护员处理 DTS 系统故障的技巧及其注意事项；2.教学方法：现场讲授及实操；3.培训形式：现场 DTS 系统培训平台；4.课时：理论 2；实操 2	1.培训练习要求：在实际工作或者现场模拟练习 5 到 10 次，掌握 DTS 设备基本操作，掌握 DTS 系统设备各项要求并完成各项操作；

续表

业务模块	工作事项	业务活动	技能要求	知识和规章要求	培训方法及课时	经验要求
五、DTS系统操作、维护与故障案例	DTS系统操作与故障案例					2.工作经验要求：三年以上实际工作经验，能独立完成DTS设备的基本操作，并能完成DTS系统检修作业
六、门禁系统操作、维护与故障案例	门禁设备操作与维护	1-8 详见初级标准； 9.完成门禁服务器巡检； 10.检查门禁控制设备是否正常； 11.检查主机电一体化锁是否正常； 12.完成门禁工作站巡检； 13.完成门禁控制柜巡检； 14.检查门禁就地控制箱； 15.确认ACS与各专业接口通信状态； 16.操作开关电源的更换； 17.操作门禁站工作站、站台的磁力锁操作； 18.能操作磁力锁的更换； 19.能通过查看ISCS界面设备状态门禁设备并控制对应房间门门禁控制磁力锁开关	1-8 详见初级标准并能熟练使用设备操作所需要的工器具； 9.1-9.3 详见初级标准； 9.4 能确认服务器正常运行状态； 9.5 能判断处理器及内存性能是否占用情况是否正常； 9.6 能确认服务器与显示器是否正常； 9.7 能确认门禁服务器数据库各车站的通信是否正常；备份情况； 9.8 掌握报警记录及硬件故障信息的查看方法； 9.9 能检查当天报警记录并查看硬件故障信息是否正常； 10.详见初级标准； 22.详见初级标准； 12.1-12.5 详见初级标准； 12.6 掌握查看门禁监控功能及报警记录的方法； 12.7 能检查报警记录情况； 12.8 能确认门禁开机程序、操作系统及软件系统是否正常； 13.1-13.4 详见初级标准； 13.5 能熟练使用万用表及螺丝刀等工器具； 13.6 能检查空气开关输入输出电压是否正常；	1.相关规章《ACS操作手册》——ACS操作说明；《ACS设备维修规程》——作业内容及方法；	1.教学重点：门禁各类设备操作、维护技巧及其注意事项； 2.教学方法：现场讲授及实操； 3.培训形式：现场讲授、课件，实操演示；要求有培训相关的材料和实操； 4.课时：理论16；实操16；	1.培训或实习要求：在实际工作或者现场模拟练习20次以上，掌握门禁设备基本操作，初步掌握门禁系统设备各项操作要求；能按照各项要求，并能按照基本操作 2.工作经验要求：三年以上实际工作经验，能独立完成门禁设备的基本操作，并能独立完成门禁系统检修作业

续表

业务模块	工作事项	业务活动	技能要求	知识和规章要求	培训方法及课时	经验要求
六、门禁系统操作、维护与故障案例	门禁设备与维护 操作与维护		13.7 能检查开关电源模块输入输出电压是否正常； 13.8 掌握柜内所有电缆的接线情况； 13.9 能检查并紧固柜内所有电缆接线； 13.10 掌握主控制器主板各指示灯含义； 13.11 能确认主控制器指示灯运行是否正常； 14.1-14.2 详见初级标准； 14.3 能熟练使用万用表； 14.4 掌握就地控制器主板各模块指示灯含义； 14.5 能确认就地控制器指示灯运行是否正常； 14.6 能检查电源模块输入输出电压是否正常； 15.1 能确认ACS与FAS的通信状态； 15.2 能确认ACS主控与ACS工作站之间的通信状态； 15.3 能确认ACS与通信的通信状态； 16.1 能熟练使用万用表、螺丝刀等工器具； 16.2 能操作开关电源的更换； 17.1 掌握站台站厅、站台的磁力锁供电回路情况； 17.2 能操作站台厅、站台的磁力锁失电电操作； 18.1 掌握磁力锁内各接线情况；			

续表

业务模块	工作事项	业务活动	技能要求	知识和规章要求	培训方法及课时	经验要求
六、门禁系统操作、维护与故障案例	门禁设备操作与维护		18.2 熟练掌握螺丝刀、内六角等工器具； 18.3 能操作磁力锁的更换； 19.1 掌握 ACS 系统状态各图元含义； 19.2 掌握 ACS 系统图元不同颜色所代表的不同含义； 19.3 掌握 ISCS 界面上门禁相关设备控制的相关操作； 19.4 能通过控制 ISCS 界面查看门禁状态并控制对应房间门磁力锁开关			
	门禁系统故障案例	1-4 详见初级标准； 5.对跳闸的磁力锁电源供电开关进行合闸的应急处理； 6.进行主控制器失电的应急处理； 7.进行主控制器接线松动的应急处理； 8.对进行故障更换主控制器的应急处理；	1-4 详见初级标准； 5.1 掌握磁力锁供电回路； 5.2 能对跳闸的磁力锁电源供电开关进行合闸的应急处理； 6.1 掌握主控器主控器供电回路； 6.2 能判断主控制器失电原因； 6.3 能进行主控制器失电应急处理； 7.1 能熟练使用螺丝刀、万用表等工器具； 7.2 能进行主控制器接线松动应急处理； 8.1 能熟练使用螺丝刀、万用表等工器具； 8.2 掌握主控制器各接线端子的接线情况； 8.3 能操作主控制主板端子的更换	1.相关规章： 《ACS 设备故障处理指南》 ——磁力锁的检修、主控制器的检修	1.教学重点：处理门禁系统故障的技巧及其注意事项； 2.教学方法：现场讲接及实操； 3.培训形式：现场讲接、现场讲接相关的材料和视频，实操演示。播放视频，实操演示； 4.课时：理论 4；实操 4	1.培训或练习要求：在实际工作或现场模拟练习 20 次以上，掌握门禁设备基本操作，初步掌握门禁系统操作各项要求，并能按照操作业流程，完成设备各项基本操作； 2.工作经验要求：三年以上实际完成门禁经验，能独立完成基本操作，并能独立完成门禁系统检修作业

续表

业务模块	工作事项	业务活动	技能要求	知识和规章要求	培训方法及课时	经验要求
七、突发事件处理	设备类突发事件	1-8 详见初级标准；9.分析联动原因；10.判断故障原因，更换故障部件；11.分析原因，恢复气灭保护	1-8 详见初级标准；9.1 能分析联动原因；9.2 将联动设备恢复至正常状态，能更换开关电源；10.1 故障为开关电源导致，更换开关电源；10.2 故障为 REL 面板导致，能更换面板；10.3 故障为 REL 主板导致，能更换主板；11.1 能初步分析故障原因；11.2 能配合厂家人员对气灭主机进行维护；11.3 故障解决后，能恢复气灭工作状态，恢复气灭保护	1.相关规章：《施工管理规定》——(1)7 施工安全管理；(2)10 施工维修规程》——《FAS 及气灭维修规程》——(1)5 作业内容和方法；(2)6 附录说明；《FAS 及气灭系统操作手册》——5 FAS 及气灭故障处理指南；《FAS 专业设备故障处理指南；《FAS 专业设备故障现场处置方案》——(1)3 应急处置；(2)4 应急保障	1.教学重点：FAS&BAS 维护员进行 FAS 联动相应机电设备的现场处置和方法及其注意事项；2.教学方法：现场讲授及实操；3.培训形式：现场讲授；FAS 系统培训平台；4.课时：理论 5；实操 5	1.培训或者现场模拟练习 5 到 10 次，掌握 FAS 联动相应机电设备的现场处置方法，掌握突发事件处理，并能按照要求完成类突发事件处理流程，并能按照要求完成各项操作；2.工作经验要求：三年以上实际工作经验，确认 FAS 联动设备状况，并能完成突发事件应急处理
	自然原因突发事件	1-3 详见初级标准；2.处理由恶劣天气引起的故障；3.处理由火灾引起的设备故障；4.处理由水灾引起的设备故障	1-3 详见初级标准；4.1 能处理由恶劣天气引起的故障，更换故障设备；4.2 能协助厂家对设备进行维护；5.1 能处理由火灾引起的设备故障，更换故障设备；5.2 能协助厂家对设备进行维护；6.1 能处理由水灾引起的设备故障，更换故障设备；6.2 能协助厂家对设备进行维护	1.相关规章：《施工管理规定；(2)10 施工维修规程》；《FAS 及气灭系统操作手册》；《FAS 故障现场处理方案》；《BAS 系统操作手册》；《BAS 系统维修规程》；《BAS 系统故障现场处理指南》；《门禁操作手册》；《BAS 故障现场处置方案》；《门禁故障现场处置方案》	1.教学重点：FAS&BAS 维护员处理自然原因突发事件的技巧及其注意事项；2.教学方法：主要是现场讲解导师讲授等；3.培训形式：现场讲授，播放视频，实操演示；4.课时：理论 6；实操 6	1.培训或者现场模拟练习 5 到 10 次，掌握自然原因突发事件处置技巧及其事件汇报流程，并完成各项操作；2.工作经验要求：三年以上实际工作经验，确认自然引起的故障状况，并完成突发事件应急处理
	人为原因突发事件	1-5 详见初级；6.确认 PLC 程序上载起的应急处理	1-5 详见初级标准；6.1 能将各站的程序进行下载保存；6.2 能正确辨认各站程序，与 PLC 对应	1.相关规章：《FAS&BAS 维护员岗位标准》——3.3 FAS&BAS 维护；《BAS 故障应急处理指南》——第 6 条 BAS 常见故障处理指南；《ACS 操作手册》——ACS	1.教学重点：FAS&BAS 维护员处理人为原因突发事件的技巧及其注意事项；2.教学方法：现场讲授及实操	1.培训或者现场模拟练习 10 次以上，掌握人为处置方法，并能按事件的现场处置及事件处理汇报流程，掌握故障处理方法，并能按原因突发完成突发事件应急处理

续表

业务模块	工作事项	业务活动	技能要求	知识和规章要求	培训方法及课时	经验要求
七、突发事件处理	人为原因突发事件	7.进行通道门门禁释放的应急处理	6.3 能及时更新程序，并做好保存工作；6.4 能将对应程序上载至故障站PLC控制器；7.1 了解紧急释放对应切断锁电空开位置；7.2 能为独立进行通道门门禁释放内的应急处理	操作说明；《ACS设备故障处理指南》——《磁力锁的检修；《施工安全管理规定；(2)10施工组织；《FAS及气灭维修规程》——(1)5作业内容和方法；(2)6附录说明《FAS及气灭系统操作手册》——5 FAS系统；《FAS及气灭故障处理指南》——6 FAS专业设备故障现场处置方案；(1)3应急处置；(2)4应急保障	3.培训形式：现场讲授、要求有培训相关的材料和课件，实操演示；4.课时：理论6；实操	照要求完成各项基本操作；2.工作经验：三年以上实际工作经验，能独立完成BAS设备的基本操作，并能协助完成BAS系统检修作业
八、技术支持	新技术/新设备适应能力	1.对新开线路中本专业的设备应	1.1 掌握常见工器具的使用法，有良好的动手能力；1.2 能对其他地铁中本专业设备和技术进行了解；1.3 能为本专业技改项目提供支持和建议	1.相关规章：《施工管理规定》；《FAS及气灭维修规程》；《FAS及气灭系统操作手册》；《FAS故障现场处置指南》；《FAS系统操作规程》；《BAS系统维修规程》；《BAS系统操作手册》；《BAS系统故障处理指南》；《门禁系统操作指南》；《BAS故障现场处置方案》；《门禁故障现场处置方案》	1.教学重点是学习新设备、新技术的内容和方法；2.教学方法主要是案例剖析、情境模拟等；3.课时：理论4；实操4	1.培训练习要求：在实际工作现场模拟练习5到10次，掌握学习和应用新技术、新设备的适应方法；2.工作经验要求：三年以上实际工作经验
	答疑解惑	1.解答培训中或案例分析中的疑难问题；2.解答实际工作中的疑难问题	1.1 能定期编写故障分析报告；1.2 能收集案例中的故障案例；1.3 能解答培训或案例分析中的疑难问题；2.1 能在检修作业过程中对初级工给予指导；2.2 能在故障处理过程中对初级工给予指导	1.相关规章：《施工管理规定》；《FAS及气灭维修规程》；《FAS及气灭系统操作手册》；《FAS故障现场处置指南》；《FAS系统操作规程》；《BAS系统维修规程》；《BAS系统操作手册》；《BAS系统故障处理指南》；《门禁系统操作指南》；《BAS故障现场处置方案》；《门禁故障现场处置方案》	1.教学重点是答疑解惑的内容和方法；2.教学方法主要是案例剖析、情境模拟等；3.课时：理论4；实操4	1.培训练习要求：在实际工作现场模拟练习5到10次，掌握解答疑难问题的技巧和方法；2.工作经验要求：三年以上实际工作经验